奇龍族學園

數學力
大爆發

馮澤謙 著

新雅文化事業有限公司
www.sunya.com.hk

目錄

奇龍族學園人物介紹

奇洛

充滿好奇心，愛動腦筋和接受挑戰，在朋友之中有「數學王子」之稱。

魯飛

古靈精怪，有點頑皮，雖然體形有點胖，但身手卻非常敏捷，最好的朋友是小他四年的多多。

小寶

陽光女孩，愛運動，個性開朗，愛結識朋友。

伊雪

沒有什麼缺點也沒有什麼優點，有一點點虛榮心。

貝莉

生於小康之家，聰明伶俐，擅長數學，但有點高傲。喜歡奇洛。

海力

非常懂事，做任何事都竭盡全力，很用功讀書。

布加

小寶的哥哥，富有同情心，是社區中的大哥哥，深受大小朋友的喜愛。

多多

奇洛的弟弟，天真開朗，活潑好動，愛玩愛吃，最怕看書。

小數速算王

　　幾天後就是數學考試了，對於**喜歡數學**的奇洛來說，他一貫輕鬆面對，可是他的朋友小寶和魯飛可緊張極了。於是他們與奇洛約好，放學後一起到魯飛的家溫習。

　　連續溫習了兩小時後，三隻小恐龍都累極了。這時，魯飛媽媽跟他們說：「你們這麼用功溫習，今晚我們就吃**火鍋**當作獎勵吧。現在休息一會，一起到超級市場買材料吧！」

　　「太好了！」三隻小恐龍高舉雙手開心地說。

　　到了超級市場，魯飛、小寶和奇洛拿着購物清單分頭行動，不一會便將火鍋材料集齊。準備結帳時，魯飛看見雪糕櫃裏林林總總的**雪糕**，心裏冒出了一個主意，跑向媽媽撒嬌說：「媽媽，我有一個請求……」

　　媽媽看着魯飛古靈精怪的模樣，沒好氣地笑着問道：

「快說吧，是什麼請求？」

魯飛說：「嘻嘻，如果有雪糕當作飯後甜點，我想我們的溫習**效率**會更高呢！」

魯飛媽媽眼珠一轉，說：「也不是不可以，但你們要將火鍋材料和雪糕的價錢，在收銀員結算前**用心算計算**好，否則雪糕就我獨自享用了。」

奇洛聽後，**眼睛都發亮了**，「很有趣啊，我們來試試吧！」

牛肉 $79.8

菜心 $18.8

火鍋湯底 $28.8

芝士腸 $27.8

雪糕 $49.8

魯飛媽媽把食物的價錢寫在清單上，魯飛和小寶一看，心裏涼了一截，因為價錢的個位和小數全部都是 7、8、9 這些大數字，每每都要**進位**。

這時「嘟」的一聲，收銀員已經開始掃描條碼了。為了雪糕，魯飛也只好硬着頭皮嘗試計算：「79.8 加 18.8，

8 加 8 是 16，要進位……」但魯飛還未計算完首兩項，就聽到嘟、嘟兩聲，收銀員已經結算到第三項了。

　　魯飛和小寶越是心急，就越計算不了。正當他們要放棄時，奇洛突然說：「總數是 **205 元**！」話音剛落，收銀機屏幕顯示的總和正好是 205 元。

　　魯飛摟着奇洛高興地說：「果然是**數學王子**啊！」小寶也驚訝地問：「奇洛，為什麼你可以計算得這麼快？」魯飛媽媽看着奇洛，欣賞地說：「你是用了**填補法**吧？回去教教他們，讓他們考試時能計算得更快吧！」

數學小學堂

利用填補法進行運算

　　在日常生活中，當我們進行加法運算時，往往會遇到一些比較大的數字，在運算時需要多次進位，這樣便會令運算速度減慢。為了方便運算和提升效率，我們可以使用故事中提及的「填補法」。

　　填補法其實是一種計算面積的常用方法。例如當我們要計算下面的不規則圖形的面積時，我們可以先把中間的空心部分填滿，計算出大長方形的面積，然後減去裏面小長方形的面積，這樣便能輕易得出不規則圖形的面積。

　　同一道理，若我們在運算時先將小數填補為整數，或將個位填補為「0」，這樣計算起來便會容易得多。以故事的算式為例，我們可以先將 79.8 看成 80 − 0.2，將 18.8 看成 20 − 1.2，如此類推，整個算式就會變成以下的模樣：

原本的算式：　79.8 + 18.8 + 28.8 + 27.8 + 49.8

運用填補法後：　80 − 0.2 + 20 − 1.2 + 30 − 1.2 + 30 − 2.2 + 50 − 0.2

將加和減歸類後：　80 + 20 + 30 + 30 + 50 − 0.2 − 1.2 − 1.2 − 2.2 − 0.2

　　這樣只要計算 210 − 5，就能得出 205 這個答案了！

可以利用填補法計算任何算式嗎？
例如：30.1 + 42.2 + 84.3?

當然可以，可是在這例子裏，與其用填補法，倒不如用「切割法」，將數字的小數切割出來，即是將 30.1 變成 30 + 0.1，42.2 變成 40 + 2.2，84.3 變成 80 + 4.3，這樣算式就會變成 30 + 40 + 80 + 0.1 + 2.2 + 4.3 = 156.6，運算起來會更快、更方便。

那麼我們什麼時候該用填補法，什麼時候該用切割法？

選擇用填補法或切割法，主要看哪一種方法可以使運算變得更方便、更有效。如果數字的個位或小數位是 6、7、8 或 9，例如 7.8，一般使用填補法會比較方便；如果是 1、2、3 或 4，例如 2.2，則使用切割法會比較方便。有時我們也會混合兩種方法一併使用。

限時運算

　　請你試試利用本課所學的填補法及切割法，看看可否在一分鐘內用心算分別計算出以下四道題目的答案吧！

1 | 12.7 | + | 2.9 | + | 17.8 | =

2 | 32.4 | + | 31.2 | + | 25.1 | =

3 | 40.9 | + | 21.7 | + | 15.9 | =

4 | 26.4 | + | 3.7 | + | 14.9 | =

加法
合十法真好用

奇洛的弟弟多多在家裏玩着他最喜歡的火車模型時，門鈴突然響了。他跑到大門，看見魯飛站在門外説：「多多，我要幫媽媽到超級市場買東西，剛巧最近推出了新的**珍寶朱古力**，你要一起去買嗎？」

聽到朱古力三個字，愛吃的多多已經**垂涎三尺**了，於是他馬上問媽媽：「媽媽，我可以和魯飛一起到超級市場買珍寶朱古力嗎？」

「好吧，但你出門前要先收拾好玩具。」媽媽指着客廳裏散落一地的**火車模型**。

「太好了！魯飛，你等我一會兒吧！」多多興奮地大嚷，然後匆忙地將火車模型和路軌放進玩具箱裏，可是玩具疊得高高的，多多用盡力氣也**無法蓋上箱子**。

「這樣亂放當然不能蓋上箱子，你要盡量利用箱子的空間才行。」媽媽看見多多把玩具**亂塞一通**，笑着給

他示範，「比如說將四個直線路軌圍着箱邊放，兩個半圓形的路軌合成圓形，放在箱子中間，這樣存放起來就更加**節省空間**。」多多依着媽媽的方法，很快便重新收拾好，跟着魯飛到超級市場去了。

　　來到超級市場，他們把要買的東西通通塞進購物車，裏面當然包括兩包美味的珍寶朱古力。不一會兒，購物車就像多多的**玩具箱**般擠滿貨物。多多疑惑地問：「我們帶的錢足夠嗎？」

　　「媽媽給了我 150 元呢……不如我們先計算**總和**吧！麵包 24 元，蘋果 18 元，牛肉 36 元，檸檬茶 17 元，可樂 15 元，牛奶 12 元，珍寶朱古力 25 元，總共是……」魯飛**苦惱**地對多多說：「哎呀，這麼多數字，而且有些還要**進位**，我用心算計算不來呢。」

　　多多若有所思地想着，突然靈光一閃，說：「我想

起剛才媽媽教我收拾玩具的方法，如果我們將價錢放進**每十個一數**的方格裏，例如4跟6一組，8跟2一組……」

「啊，這樣的話，麵包跟牛肉組成 60 元，蘋果跟牛奶組成 30 元，可樂跟珍寶朱古力組成 40 元，而 40 元和 60 元又組成 100 元，加上 30 元和檸檬茶的 17 元，總和便是 **147 元**，我們帶了足夠的錢，還剩 3 元呢。多多，你真聰明呀！」

多多自豪地說：「呵呵，這個當然！因為我是數學王子奇洛的弟弟啊！」

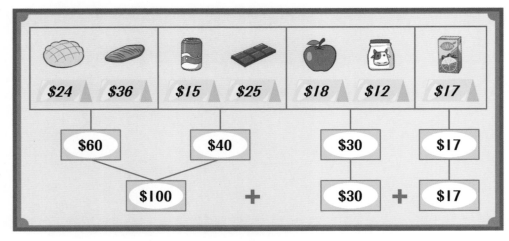

利用合十法進行運算

　　將好幾個數字相加的時候，往往會涉及進位，進位所需的計算時間較長，所以只要我們盡量減少進位的次數，就可以減少運算步驟，縮短計算時間，而這就是為何合十法很常用的原因。

　　使用合十法時，我們要先觀察需要相加的數字，然後將能組成 10 的數字劃分出來。例如故事裏的麵包是 24 元，個位是 4；牛肉是 36 元，個位是 6。4 加 6 剛好能組成 10，因此將麵包和牛肉組成一組去計算，就能得出 60 元。

　　合十法本身的「十」並不限於個位。以故事為例，當 24 元的麵包和 36 元的牛肉相加成 60 元，而 15 元的可樂和 25 元的珍寶朱古力相加成 40 元後，60 元和 40 元也可以利用合十法組成 100 元。再加上蘋果、牛奶和檸檬茶的價錢，這樣本來要多次進位的算式，便可演變成 100+30+17 不必進位的算式，從而提升運算速度。

你問我答

日常生活中，我們在什麼情況下會用到合十法呢？

只要遇上幾個數字相加，而它們能合成十的話，便可以使用合十法。

合十法常用嗎？

在眾多不同的速算法中，合十法可以説是最易用、最簡單又最常用的了。

除了加數，我們可以在計算乘數時使用合十法嗎？

可以，例如 $7 \times 25 + 3 \times 25$，算式中出現可合十的 3 和 7，便可先將它們合成十，再乘以 25，即是 $(7+3) \times 25 = 10 \times 25 = 250$。

合十配對

請你看看以下多多的玩具的價錢，然後將能「合十」的玩具用線連起來吧。

 $14

 $18

 $29

 $33

 $17

 $16

 $82

 $51

加法和乘法
加一服務費的速算方法

　　這天奇龍族學園的同學們都很期待上課，因為班主任比力克老師說過，今天將會公布一個**大消息**。

　　只見比力克老師走進課室，身後還跟着一個**從未見過的面孔**。比力克老師對大家說：「我們班有一位新同學加入，她的名字叫**貝莉**，以後會跟大家一起學習、一起成長，大家要好好相處啊。」

　　同學們都拍手歡迎，比力克老師接着說：「貝莉，你坐在奇洛和伊雪中間的空位吧。我聽說你曾贏得**數學大賽**的冠軍，而奇洛是我們班上數學最好的同學，你們可以多多交流呢！」

　　「你好呀！我是奇洛。」奇洛對坐在旁邊的貝莉揮手，貝莉臉上泛起了一點粉紅。

　　伊雪也熱情地跟貝莉打招呼，並說：「奇洛，不如我們放學後一起去小食店，認識一下**新鄰座**吧！」

大家都贊成伊雪的提議，於是下課後他們一同前往經常光顧的小食店。奇洛點了 17 元的奶茶，伊雪點了 15 元的檸檬茶，而貝莉點了 12 元的紅茶。沒多久侍應便送上飲料，他們一邊喝着，一邊聊得**不亦樂乎**。

貝莉指着餐牌最底的一行小字問道：「對了，剛才我在餐牌上看見了這句話，什麼叫做**加一服務費**？我以前可沒有注意到有這種收費呢。」

奶茶　　$17
檸檬茶　$15
紅茶　　$12

＊設加一服務費

19

奇洛説：「我聽媽媽説，以前人們到食肆吃飯時，會給服務良好的侍應一些**小費**，這些小費有多有少，不是固定的，有些地方甚至以小費作為侍應的薪金，這使侍應的服務質素變得相當參差，於是後來很多食肆都制定了**統一的服務費**，比如是餐費的 10% 或 15% 等。」

伊雪接着説：「加一就是指**餐費額外的 10%**。爸爸教過我，只要把餐費**乘以 1.1**，就是要付的總數了。」

貝莉微微點頭：「我明白了，如果以我們點的飲品來説，你需要付 16.5 元，奇洛需要付 18.7 元，而我則需要付 13.2 元，對嗎？」

伊雪吃驚地對貝莉説：「不愧是數學大賽的冠軍啊，為什麼你**計算乘數的速度這麼快**？」

貝莉眨眨眼睛，對奇洛説：「奇洛在數學方面也很厲害啊，你知道我是怎樣計算嗎？」

奇洛笑着説：「因為這不是乘數，只是**簡單的加數**而已！」

數學小學堂

加法與乘法的關係

　　加、減、乘和除有着密不可分的關係，而乘法就是加法的便捷版本，例如 3×3 是將三個 3 加在一起，即 3 + 3 + 3。因此，我們其實可以運用加法來計算乘法，不過在大多數情況下，這樣運算的速度會慢得多。

　　但是也有一些例外的情況，用加法計算乘法會更方便，其中一個例子就是加一服務費。加一服務費是餐費額外的 10%，即是餐費的 1.1 倍，由於涉及小數的乘法較繁複，所以用加法將各個位值相加會更快得出答案。以 17×1.1 為例，我們可以把乘法直式轉化為加法直式：

$$
\begin{array}{r}
1\ 7 \\
\times\ 1.1 \\
\hline
\end{array}
\quad \Rightarrow \quad
\begin{array}{r}
1\ 7 \\
+\ \ 1.7 \\
\hline
1\ 8.7
\end{array}
$$

　　由加法直式可見，因為十位不用進位，故此答案 18.7 中十位的 1 是由被乘數 17 的十位而來的；又由於個位不用進位，答案中個位的 8 是由被乘數 17 的十位和個位相加而來的；最後答案中十份位的 7 則是由被乘數 17 的個位而來。

15% 服務費也可以用加法快速計算嗎？

我們也可以用加法計算 15% 服務費，以 140 元的餐費為例，可先按本課的方法，先加上加一服務費，即 14 元，再加上剛才服務費的一半，即 7 元，這樣只要計算 140＋14＋7，便能得出餐費連服務費合共 161 元。

如果餐廳收取加一服務費，同時給予九折優惠，那麼先付加一服務費再給九折，還是先給九折再付加一服務費會更便宜？

九折等於原價的 90%，即是將原價乘以 0.9。
如果餐費是 100 元：
先加一後九折：100×1.1×0.9＝99 元
先九折後加一：100×0.9×1.1＝99 元
乘數先後不同，計算出來的答案也相同，因此兩者價錢都是一樣的。不過，商戶通常會把加一服務費和九折按原價來計算：
加一的餐費：100×1.1＝110 元
九折的餐費：100×0.9＝90 元
由此可見，九折即餐費減 10 元，將已加一的餐費 110 元減去 10 元，該付餐費 100 元。

算式配對

請你運用本課所學的加一服務費計算方法，用線把相配的算式和答案連起來。

13 × 1.1 ●　　　●

$$\begin{array}{r} 3\ 2 \\ +\quad 3\ .\ 2 \\ \hline \end{array}$$

●　　　● 59.4

29 × 1.1 ●　　　●

$$\begin{array}{r} 1\ 3 \\ +\quad 1\ .\ 3 \\ \hline \end{array}$$

●　　　● 35.2

32 × 1.1 ●　　　●

$$\begin{array}{r} 5\ 4 \\ +\quad 5\ .\ 4 \\ \hline \end{array}$$

●　　　● 31.9

54 × 1.1 ●　　　●

$$\begin{array}{r} 2\ 9 \\ +\quad 2\ .\ 9 \\ \hline \end{array}$$

●　　　● 14.3

用加法計算「除以 9」

　　後日便是**學校旅行**的日子，就像往年一樣，奇洛、魯飛、伊雪、海力和另外四位同學組成一組。下課後，他們興高采烈地討論着學校旅行的活動。

　　奇洛問：「魯飛，今年有什麼打算？」**古靈精怪**的魯飛最多點子，眾望所歸成為旅行日的組長。

　　「不如我們今年去**燒烤**吧！吃飽之後，大家一同玩**集體遊戲**，這樣好嗎？」

　　「這主意不錯！」奇洛說：「最近我和海力正在看一本關於**數學遊戲**的書，集體遊戲就由我們負責吧。」

　　「在學校旅行這麼開心的日子還要計數嗎？你可不可以喜歡數學少一點啊！」魯飛伏在桌子上抱怨着。

　　海力笑着說：「書裏介紹了一些很好玩的遊戲，你也挑戰一下吧。」魯飛聽罷，只好舉起雙手投降。

　　這時，貝莉走過來說：「這是我第一次參加學校旅行，

我可以和你們一起玩嗎？」

「當然沒問題，那麼你跟伊雪負責
準備食物吧！」魯飛熱情地説。於是
大家紛紛提出自己想吃的食物，伊雪和
貝莉記下來，並商量好各自負責購買哪
些食物。

第二天，伊雪把購物收據收集起來，整理成一張清
單。伊雪看着清單，喃喃自語地説：「牛扒 180 元、豬扒
240 元、香腸 108 元、雞翼 88 元、餐具和炭 57 元，合共
是 673 元。我們組有**九個人**，要計算每人平均付多少，
便要將 673 元除以 9，即是……即是……」

看着伊雪想得**頭昏腦漲**的樣子，貝莉一臉從容地接
着説：「是 74 餘 7，所以每人大約要付 75 元。」

9 是 0 至 9 以內最大的數字，要在除數中計算的話也

25

是最**複雜**的，所以伊雪向來最怕遇見「除以 9」。可是貝莉卻**輕而易舉**地計算出來，這令伊雪很驚訝：「貝莉，你的除數很厲害呀！」

　　「呵，這不是除數，而是**加數**呢！」貝莉揚起嘴角，「對了，旅行時的集體遊戲好像會有鬥快計算除以 9 的環節，讓我現在教你速算的方法吧！」

「除以 9」的速算方法

許多小朋友或許像伊雪一樣，覺得 9 是較大的數字，計算除數時感到困難，但其實「除以 9」也可以用加法來計算的，而且還能提升運算速度。以 673 ÷ 9 為例，以加法計算的方式主要分為以下步驟：

首先，從左邊起將被除數各個位值的和遞增地加起來，例如被除數是 673，即「6」、「6＋7＝13」、「6＋7＋3＝16」，用直式顯示即是：

$$
\begin{array}{cccc}
 & 6 & 7 & 3 \\
 & & 6 & 7 & 3 \\
 & & & 6 & 7 \\
+ & & & & 6 \\
\hline
 & 7 & 4 & 7 & (6)
\end{array}
$$

然後，估算 673 ÷ 9 的商的最大位值應在十位（一個百位數除以一個較大的個位數，商應出現在十位）。因此，被除數的各個位值之和，依次序便是商的十位、個位以及餘數（因估算商的最大位值在十位，括號內的位值可忽略）。進位後，得出商的十位是 7，個位是 4，而餘數是 7，這樣便能計算出 673 ÷ 9 等於 74 餘 7。

我用這個方法計算 36÷9，為什麼答案不是 3 餘 9？

用這個方法計算 36÷9，會得出以下的加法算式：

$$
\begin{array}{r}
3\ 6 \\
+\quad 3 \\
\hline
3\ 9
\end{array}
$$

這樣便變成 3 餘 9，當餘數剛好是 9 時，便需要進位，進位後得出的答案是 4。

能用填補法計算除以 9 嗎？

雖然乘法可以用填補法計算，例如 5×9 等於 5×10－5×1，但除法卻不可以這樣計算，例如 90÷9 並不等於 90÷10－90÷1。

28

算式路線圖

請你運用本課所學的除以9計算方法，協助奇洛前往他的目的地吧。

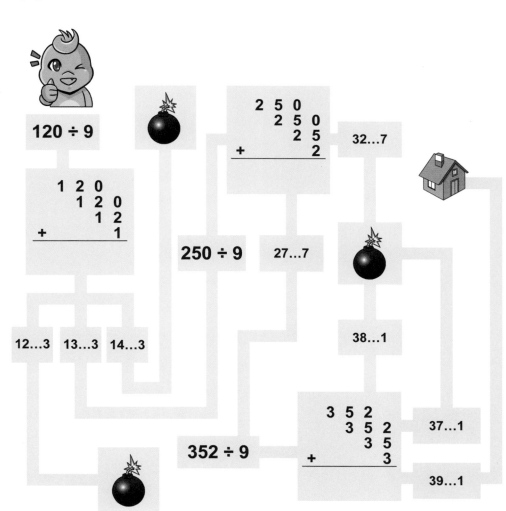

估算的作用

布加早幾天在電視上看到**貨櫃碼頭**的介紹，很感興趣，剛好爸爸有一位朋友在貨櫃碼頭工作，於是這天爸爸便帶他一同前往了解貨櫃碼頭的運作。

「布加，這就是爸爸的好朋友保叔叔，快跟他打招呼吧。」爸爸向布加介紹身旁的恐龍叔叔。

「保叔叔，你好。」布加爽朗地打招呼。

保叔叔笑着說：「你好啊，布加。今天剛好有一艘**大貨船**停泊在岸邊，載貨量有 **8 萬噸**，叔叔帶你去看看吧。」

「好啊！謝謝保叔叔！」

於是布加跟着保叔叔，在許多不同大小的貨櫃中拐了好幾個彎，終於來到了大貨船前。看着一個又一個的貨櫃從碼頭被搬到船上，布加**雀躍**地問：「保叔叔，貨櫃船要到哪裏去？貨櫃裏面有什麼貨物？」

「這些都是要從恐龍島運到超級城的貨物，每個貨櫃裏的貨物種類都不同，例如有**鮮果**、**茶葉**、**玩具**等。所以貨櫃**有大有小**，重量也不一樣。」

這時，一名碼頭員工拿着一張清單急急跑來，緊張地跟保叔叔說：「老闆，貨櫃公司突然更改了幾個貨櫃的重量，不知道會不會**超重**呢？」

保叔叔接過新的清單一看，只見上面寫着：

鮮果櫃 13 個：4,238 噸、4,156 噸、3,879 噸、3,980 噸、4,120 噸、4,008 噸、4,012 噸、3,998 噸、4,305 噸、3,701 噸、3,798 噸、4,109 噸、4,110 噸。

玩具櫃 8 個：2,865 噸、3,101 噸、3,209 噸、3,146 噸、2,994 噸、2,775 噸、2,953 噸、3,096 噸。

布加瞥見紙上**寫滿了數字**，正納悶沒有計算機要怎樣計算時，保叔叔卻微微一笑，跟員工說道：「這才 **76,000 噸**，不會超重的。」

布加搔了搔頭，苦思不解，轉身問爸爸：「為什麼保叔叔可以算得**這麼快**？」

爸爸回答：「呵呵，因為他並不是將所有數字都計算一遍，而是用**估算法**將大概的總和計算出來。」

「沒錯。布加，你想學這方法嗎？」保叔叔笑着說。

「想！」布加興奮地舉起手。

保叔叔撫着他的頭說：「好！不過現在我們先去吃午飯，回來後我再教你吧！」

估算的計算方法

　　我們進行運算時，很多時都會說要做到「快而準」，「快」和「準」是同樣重要的。但日常生活中也會出現一些情況，「快」比「準」更加重要，這時估算就大派用場了。

　　估算的意思是大概估量一下實際答案的數值，一般會用到上捨入法、下捨入法和四捨五入法。在故事中，保叔叔用的就是四捨五入法。

　　只要我們仔細觀察鮮果櫃和玩具櫃的重量，會發現它們的重量介乎一定範圍的數值之間。如果將它們的重量都四捨五入至千位，那麼每個鮮果櫃和玩具櫃的重量分別為 4,000 噸和 3,000 噸，由此我們可以估算出貨櫃的總重量，總共是 13×4000 + 8×3000 = 76000 噸，這跟實際數值 52414 + 24139 = 76553 噸非常接近。

貨櫃	數量	重量
鮮果櫃	13 個	介乎 3,701 噸至 4,305 噸
玩具櫃	8 個	介乎 2,775 噸至 3,209 噸

　　雖然估算數值跟實際數值有些微誤差，但若時間倉促，而誤差又在合理範圍內，估算不失為一個能有效解決問題的計算方法。

上捨入法和下捨入法又是什麼？

上捨入法是把數上捨至比原本的數較大的近似值，例如把 142 上捨入至十位，得出 150。下捨入法是把數下捨至比原本的數較小的近似值，例如把 142 下捨入至十位，得出 140。

此外，還有五捨六入法，它跟四捨五入法差不多，在取位數後面的位值如果小於或等於 5，則去掉不要；如果大於或等於 6，便要進位。一些商店也會利用五捨六入法來簡化價格。

四捨五入法的估算方式一定要在千位進行嗎？

估算要在哪一個位值進行，很視乎實際情況及可接受的誤差範圍。例如 2531 + 4181 = 6712，如果在千位作估算，即是 3000 + 4000 = 7000，誤差是 288；但如果我們在百位做估算，算式變為 2500 + 4200 = 6700，這樣計算速度雖然變慢，但誤差大大縮小至 12，因此進行估算時必需考慮實際情況和需要。

哪種估算方式最合適？

請你看看各恐龍的計算要求，跟着路線向下走，遇到橫線時跟着轉彎，找出應該怎樣計算 3270 + 2165。

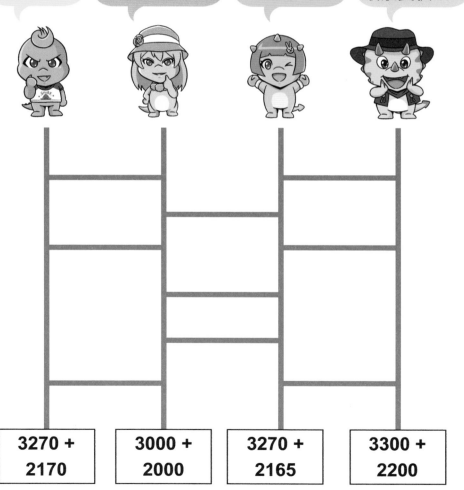

需要絕對準確！

要快，但只可接受小誤差。

很快，出現誤差也可。

快！快！快！最緊要快！

| 3270 + 2170 | 3000 + 2000 | 3270 + 2165 | 3300 + 2200 |

為什麼我們總會站在升降機的角落？

下課後，奇洛和布加一起參加數學興趣班，結束後便結伴回家。一進入大廈，奇洛看見多多坐在保安員叔叔旁邊，伏在桌子上一個勁兒**畫着圖畫**。

奇洛走向多多，疑惑地問：「多多，怎麼你會在這裏呢？媽媽在哪裏呢？」

多多嘟起嘴巴，指向另一邊說：「我和媽媽買菜後，回來時在大堂碰見布加的媽媽，她們聊起昨天的電視劇大結局，就一直聊個不停，我等得累了，就坐在這裏，結果讓我發現**有趣的事情**呢！」

布加看見多多在紙上畫了很多**三角形**，而每個三角形都在一個差不多大小的**正方形**內。布加不禁問道：「多多，這些圖形是什麼？」

多多跑到**升降機**旁，指着上方的閉路電視說：「我在畫升降機和坐升降機的恐龍。你看！正方形代表升降

機，裏面如果剛好是三隻恐龍的話，他們所站的位置就會形成一個三角形。我看了好一會兒，幾乎每次都是這樣子的。」

布加笑道：「你的觀察力真好啊。那我再考考你們，這些三角形的角和正方形的角在**位置上有什麼關係**？」

多多看着自己所畫的圖形，想了一想，說：「很多**三角形的角都在正方形的角上面**。」

布加說：「沒錯，但為什麼會出現這個情況呢？」

奇洛和多多苦思着，滿臉不解，於是布加對他們說：「我給你們一個提示吧。有一個心理學理論是這樣說的：當我們遇到陌生人時，我們會希望跟他們盡量保持最遠的距離。」

多多一臉困惑地說：「我不明白啊，什麼距離？三角形上沒有距離，只有長度。哥哥，你說是不是？」

「三角形上沒有距離，只有長度……距離……長度……」奇洛突然大叫說：「啊！我明白了！」

奇洛把多多手上的紙筆拿過來，在紙上畫着，興奮地對他們說：「因為站在升降機的角落時，所形成的三角形的周界是最長的，這樣站的話就可以與陌生人保持最遠的距離了！」

布加笑着說：「真不愧是奇洛，只給你一點提示，就破解了這道迷題！」

多多抱着奇洛說：「不過如果是跟哥哥你們一起乘升降機，我就希望站在你們旁邊，因為我最喜歡跟你們一起了！」

數學小學堂

矩形裏的三角形周界

　　小朋友，你知道為什麼在矩形的角上所形成的三角形，其周界是最長的呢？讓我們來做一個簡單的模擬吧！

　　當第一個人走進升降機的時候（圖一），假設升降機裏沒有其他人，那麼他可以隨意站在一處，而點是沒有距離的。當第二個人走進升降機時（圖二），第一個人所站的位置會改變，兩人會站在矩形的對角上，因為矩形的對角線是該矩形內最長的直線，這樣他們之間的距離便會最遠。

　　當第三個人走進升降機時（圖三），他會選擇站在餘下的其中一個角上，形成一個直角三角形，這時所形成的三角形周界是最長的，這意味着三人之間可保持最遠距離。如果第四個人進入升降機，他便會選擇站在矩形剩下的最後一隻角上，形成一個矩形。

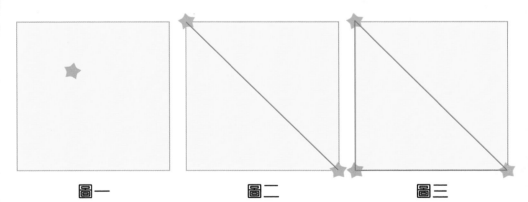

圖一　　　　　　　　圖二　　　　　　　　圖三

? 你問我答

在數學上，距離跟長度有什麼分別？

長度應用在物件本身，而距離指物件與物件之間相距多遠，但兩者使用的單位相同。

除了直角三角形外，還有什麼種類的三角形？

還有等腰三角形（兩條邊長相等）、等邊三角形（三條邊長相等）和不等邊三角形（三條邊長不相等）。

如果利用平行四邊形、梯形、鴛形等四邊形的角，所形成的三角形周界會否也是最長呢？

如果用在矩形以外的四邊形，所形成的三角形周界不一定是最長的。

周界量一量

小朋友，現在我們用實驗來驗證前面提及的數學理論吧！請你準備紙、筆和直尺，並在紙上如下圖般任意畫出一個長方形。

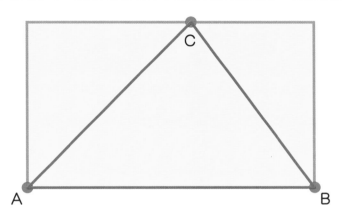

A 和 B 分別代表長方形下方的兩隻角，而 C 代表上方的邊的任意一點。請你試試用直尺量一量，三角形 ABC 的周界是多少？

接着，請你將 C 畫在上方的邊的另一位置，再用直尺量一量。這一次三角形 ABC 的周界是多少？

最後，請你試試找出 C 在什麼位置，才可以令三角形 ABC 在長方形內形成最長的周界吧！

走出迷宮的絕技

放學後，正在回家的布加在路上看見魯飛沒精打采地走着，便走上前問：「魯飛，怎麼你看起來**悶悶不樂**的，發生了什麼事？」

魯飛歎了口氣，說：「布加哥哥，昨天我跟小寶和伊雪去奇龍族遊樂園新推出的『**逃出迷宮**』遊玩……」

「啊！是最近很流行的大型迷宮嗎？聽說很好玩的，你不喜歡玩迷宮嗎？」布加疑惑地問。

魯飛搖了搖頭，又歎了口氣：「唉，那天我本來打算在她們面前勇破迷宮，好好威風一番，可是我們總是在迷宮裏**迷失方向**，每次都要職員帶我們到出口，挑戰了五次都不成功，真是丟臉得很呢。」

正當魯飛**垂頭喪氣**地想離開時，布加笑着對他說：「不如星期日你跟我一起再去挑戰吧，我有方法可以走出迷宮，你學會了的話，下次就可以威風一番啊。」魯飛雖

然**半信半疑**，但還是答應了布加的邀請。

到了星期日，魯飛和布加來到「逃出迷宮」的入口前。魯飛**憂心忡忡**地問：「布加哥哥，你真的有方法可以破解這迷宮？我可不希望再次讓職員帶我們走出來啊，他都認得我了……」

布加淡定地微笑着：「相信我吧，只要你跟着我的指示走，我保證你一定能找到迷宮的出口。好了，你現在**閉上眼睛，伸出左手**摸着迷宮的牆，慢慢走進去吧！」

魯飛對布加的話感到**難以置信**：「什麼？閉着眼睛走進迷宮？這怎麼可能找到出口！」

「別着急，你先照着我的話做吧。」說完，布加推着魯飛走往迷宮。

魯飛雖然很害怕，但還是聽從布加的指示閉上眼睛，在迷宮裏**戰戰兢兢**地走着。他們在迷宮裏左轉轉、右轉

轉，不到數分鐘，果然來到了出口。魯飛睜開眼睛，驚訝地說：「真的找到出口了！布加哥哥，你懂得**魔法**嗎？為什麼這樣做就能走出迷宮？」

「因為迷宮其實是一個**封閉圖形**，只要你從迷宮入口開始，用左手一直**摸着牆壁前進**，往前直走也好，轉彎也好，只要左手不離開牆壁，自然就能走到出口了。」布加耐心地解釋。

魯飛雀躍地說：「**真神奇啊**！雖然我還是不太明白，但至少我知道下次可以在小寶和伊雪面前威風一次了！呵呵呵！」

數學小學堂

用數學破解迷宮

　　小朋友，你可能沒有想過，迷宮原來也是一個數學問題呢！逃出迷宮曾經是數學中一個熱門課題，數學家提出過不少方法去破解迷宮，而在故事中以左手摸着牆壁走出迷宮的方法，稱為「左手法則」。

　　為什麼這樣做就可以走出迷宮呢？簡單而言，每面迷宮的牆都是一個封閉圖形，而每個封閉圖形都有周界，只要沿着圖形的周界走，必定可以到達圖形的另一邊；換言之，就算身處迷宮裏面，只要沿着迷宮的牆來走，必定可以到達牆外（見下圖）。如果迷宮沒有出口，利用左手法則可以帶你回到原來的起點。

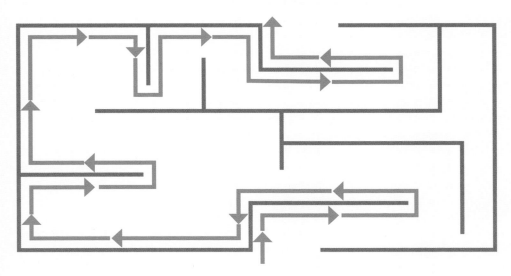

你問我答

這個左手法則可否用右手代替？

可以，視乎使用的是左手還是右手，使用右手便稱為「右手法則」，但請記住不要同時使用兩隻手。

這種方法可否在進入迷宮迷路後才使用？

不可以，因為迷宮內的牆可能整塊都位於迷宮內，這時才使用的話只會重複兜圈，卻找不到出口。

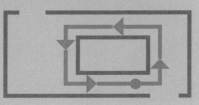

使用這種方法可否破解所有迷宮？

不能，如果起點和終點不是位於迷宮外部，這種方法就無法奏效。此外，3D 迷宮亦不能用這種方法輕易破解。

破解平面迷宮

　　小朋友，請你試試運用本課所學到的方法，破解以下的平面迷宮吧！

「4」一定比「1」多嗎？

秋高氣爽，正是**郊遊登高**的好時節。這天，奇洛、魯飛、多多、小寶和貝莉相約一起到郊外野餐，他們各自準備了不同的食物：奇洛和多多帶了三文治，小寶帶了蜜汁燒雞翼，貝莉帶了肉丸，而魯飛則帶了五個圓形薄餅。

「奇洛，快試試我的**蜜汁燒雞翼**吧！外脆內嫩，非常可口！」小寶說着便把一隻雞翼放進奇洛的碟子上。

貝莉看見了，連忙走到奇洛旁邊說：「奇洛，你先試試我的**肉丸**吧！我聽說你喜歡吃肉丸，昨晚花了兩小時做的。」貝莉也把兩顆肉丸放進奇洛的碟裏。

「我的蜜汁燒雞翼好吃一點，所以要先吃。」

「不可以，一定要先吃我的肉丸！」

奇洛看着小寶和貝莉**爭論不休**，正疑惑她們怎麼吵起來的時候，魯飛走過來搖搖頭說：「真拿她們沒辦法，誰讓我們的數學王子那麼受歡迎呢。」

這時，愛吃的多多看見奇洛碟中的
食物，說：「哥哥，我也想吃啊！」

「你想吃什麼？」奇洛問。

「我每種食物都想吃，要許多許多，總之我的食物
要比哥哥多！」

小寶聽見多多的話，馬上回頭笑着說：「多多，那
麼小寶姐姐給你兩隻雞翼，好嗎？」

貝莉見狀，自然也不服輸，對多多說：「貝莉姐姐給你三顆肉丸吧！」

多多看見碟中滿滿的美食，露出了大大的笑容。魯飛把自己的薄餅分給奇洛、小寶和貝莉後，正要把薄餅放在多多的碟子上，卻聽見多多噘起小嘴說：「魯飛，我想要**四個薄餅**！」

魯飛看見手上只剩下兩個薄餅，這可怎麼辦呢？

貝莉靜悄悄地對魯飛說：「如果你讓多多**不高興**，破壞了我和奇洛第一次的野餐，我不會放過你的！」

魯飛感覺到背後一涼，突然**靈機一動**，立即用刀將其中一個薄餅整齊地切成四份，然後將四份薄餅給多多。

「太好了！我有**四個薄餅**，比哥哥的一個薄餅多呢！」多多接過薄餅，燦爛地笑了。

「多多，這不是……唔……唔……」奇洛才剛開口，魯飛便馬上掩着他的嘴巴，笑着說：「哈哈，我們不要說那麼多了，快享用美食吧！」

數學小學堂

奇妙的分數

　　故事中，魯飛利用偷換概念，把一個薄餅分成四份，讓多多以為自己得到四個薄餅，比奇洛的一個薄餅多。4 是否一定比 1 多？一般情況下答案是肯定的，但其實有一個例外情況，那就是當 4 是分母的時候。

　　分數的分母有着將一個整體分成若干份的意思，例如一個薄餅的 $\frac{1}{3}$，我們可以看成將 1 個薄餅分成 3 份，只要其中一份；一個薄餅的 $\frac{1}{4}$ 便是將 1 個薄餅分成 4 份，只要其中一份。

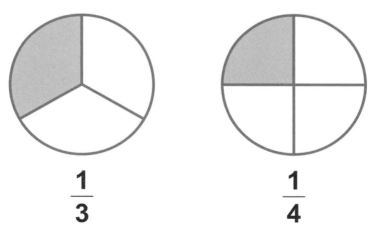

$$\frac{1}{3} \qquad\qquad \frac{1}{4}$$

　　因此，$\frac{1}{4}$ 個薄餅比 $\frac{1}{3}$ 小，$\frac{1}{5}$ 又比 $\frac{1}{4}$ 小，$\frac{1}{6}$ 又比 $\frac{1}{5}$ 小，如此類推。因為薄餅的大小沒變，如果分子一樣，分母卻越來越大的話，那麼每一份薄餅反而會變得越來越小。

為什麼數學中會有分數？

我們會用 1 或 2 等整數去表達完整的數量，例如 1 個人、2 個人。然而，世上除了整數以外，還包含了「部分」的概念，例如我們將一個蛋糕分成兩等份，這兩份蛋糕都不是完整的 1，而是 1 的一半，為了要表示這些情況，我們便需要分數。

分母是否一定要比分子大？

不一定。如果分子比分母大，我們會稱它們為假分數，例如 $\frac{8}{3}$。

小寶帶了一個圓形的芝士蛋糕回學校跟老師和同學分享，班裏有 13 個同學和 2 位老師，如何分配才能讓大家都得到相同分量的蛋糕呢？

班裏的總人數是 13+2+1=16，因此將蛋糕等分成 16 份，每人取 1 份，便能讓大家得到相同分量的蛋糕。

分數比較

請你根據下面的分數，把相應的部分填色，然後看看哪個分數比較大。

1

$\dfrac{2}{5}$　　　　　　　　$\dfrac{2}{8}$

2

$\dfrac{1}{4}$　　　　　　　　$\dfrac{1}{8}$

算術題裏的正方形數

　　這天風和日麗，奇洛、布加、小寶和魯飛相約到沙灘玩耍。布加和奇洛在海裏游泳，回到沙灘時，發現小寶和魯飛正拿着樹枝不停在沙上畫着**算式**。

　　「難得來沙灘遊玩，你們竟然在做數學題？」平常做數學題就頭大的小寶和魯飛竟然一反常態，讓奇洛十分好奇。

　　小寶答道：「剛才我和魯飛口渴了，到小食亭買汽水，碰巧今天有特別的學生優惠，如果我們能答對**老闆的數學題**，汽水便買三送一，而且還送兩包薯條。」

　　「可是那道數學題實在太難了，要我們算出『**1 ＋ 3 ＋ 5 ＋ 7 ＋ 9 ＋ … ＋ 79**』的答案，我們算了好一會都算不出來。」魯飛洩氣地坐在沙灘上說。

　　奇洛說：「這不難啊，只要將 1 至 79 的**所有單數相加**便可以了。」

「可是這樣計算的話**太慢了**！這個優惠只會給首十名能解答出來的顧客，已經有五名顧客拿了優惠。而且這些數字雖然數值不大，但是**數目很多**，我們每每算到中間便出錯了。」魯飛搔搔頭，困惑地說。

這時布加笑着說：「如果運用**正方形數**的形數方法計算，這道數學題倒也不算困難。」

「正方形數？」奇洛、小寶和魯飛同時問。

布加見他們一臉問號，於是從沙灘上撿了些石頭，並排列起來：「這裏有四個分別邊長為1、2、3和4的

正方形，第一個是由 1 顆石頭組成，第二個用了 4 顆石頭，第三個用了 9 顆石頭，第四個用了 16 顆石頭。」

魯飛攤了攤手：「我們要計算的是加數，跟這些圖形有什麼關係啊？」

「當然有，你們仔細看看，第二個正方形比第一個正方形多了幾顆石頭？」布加指着沙灘上的石頭問。

小寶答：「**3 顆**。」

「第三個正方形比第二個正方形多了幾顆石頭？」

魯飛答：「**5 顆**。」

「第四個正方形比第三個正方形多了幾顆石頭？」

「**7 顆**。咦，多出來的石頭數目跟數學題的數字一樣……」奇洛恍然大悟，「我明白了！那道數學題不就是要把 40 個數字相加嗎？利用邊長是 40 的正方形，就可以得出答案，答案是 **1,600**！」

小寶皺着眉頭：「我還是不明白，可否解釋一下啊？」

魯飛興奮地抱了抱奇洛，然後一邊衝向小食亭，一邊大叫：「待會再解釋吧。汽水和薯條，我來了！」

數學小學堂

有趣的正方形數

　　據說在 2,500 年前，古希臘數學家畢達哥拉斯用石頭排成不同的幾何圖形，他發現有一些石頭數目可以排成特定的圖形，例如 1、4、9、16 等可以組成正方形，這些整數便稱為正方形數。

　　那麼 1+3+5+7+9+…+79 的算式跟正方形數有什麼關係呢？仔細看看下圖，便會發現正方形數可化為加法和乘法算式，而它們有一定的規律變化，例如邊長為 2 的正方形可以 1+3 表示，亦即 2×2；邊長為 3 的正方形可以 1+3+5 表示，亦即 3×3，如此類推。只要我們找出與 1+3+5+7+9+…+79 相應的正方形邊長，便能利用乘法快速計算答案。

	1	4	9	16
正方形數				
加法	1	1+3	1+3+5	1+3+5+7
乘法	1×1	2×2	3×3	4×4

　　或許你已經留意到，加法算式中的項數跟正方形的邊長是一樣的呢！在 1+3+5+7+9+…+79 的算式裏，共有 40 個數字，因此相應的正方形邊長便是 40，只要計算 40×40，就能輕易得出 1,600 的答案，不需要將數字逐一加起來。

除了正方形數，還有沒有其他形數？

除了正方形數外，還有三角形數、長方形數等。

什麼是三角形數和長方形數？

如果我們把一個數轉為點數，而點的數目能排成一個等邊三角形，這個數便是三角形數，1、3、6、10 都是三角形數；如果點的數目能排成一個長方形，這個數便是長方形數，例如 2、6、12、20。

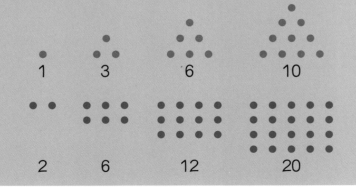

數數正方形

小朋友，請你試試運用形數的概念，計算以下的圖形有多少個正方形吧！

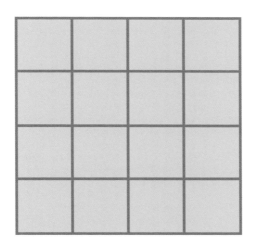

16 個！

不對啊，你還要把由小正方形組成的所有大正方形計算在內呢。除了邊長是 1 的正方形外，還有邊長是 2、3 和 4 的正方形啊！

利用數學煮出美食

這天，奇龍族學園舉辦嘉年華，魯飛、伊雪和奇洛負責經營小食攤位，售賣**薯條**、**牛柳粒**等食物，一大清早他們就在布置攤位、準備食材，忙得不可開交。

他們之前已商量好，由魯飛和伊雪負責烹調食物，奇洛則擔任收銀員。在開始之前，伊雪特意提醒很少下廚的魯飛：「魯飛，你負責烹調牛柳粒，記住要**先將牛柳切粒**，再加上調味料，煎**十分鐘**後才可以上菜啊！」

「放心，我記住了！」魯飛自信滿滿地說。

三隻恐龍穿好老師精心準備的制服，小食攤位終於正式運作。奇洛在學校裏很受歡迎，同學們聽見他負責售賣小食，都趕來光顧。不久，攤位前便**人山人海**。

「兩份炸薯條，一份牛柳粒！」話音剛落，又聽見奇洛的聲音響起，「再來四份炸薯條，三份牛柳粒！」

魯飛看見客人那麼多，心想：「如果先把牛柳切粒

實在**太花時間**了，不如我直接將牛柳放進鍋裏煎，這樣不就快許多了嗎？哈哈，**我真聰明！**」

於是，魯飛把**一整塊牛柳**放進鍋裏，煎了十分鐘後，他打算直接遞給客人，剛好被伊雪和奇洛發現了。

伊雪着急地說：「魯飛！**這不是牛柳粒啊！**」

魯飛笑着說：「一整塊跟切粒不都是一樣嗎？反正

體積相同，客人也沒有吃虧啊。」

「讓你把牛柳切粒其實是有原因的。」奇洛拿起刀將牛柳切開，雖然牛柳表面熟了，但裏面還是紅彤彤的，「雖然牛柳可以不用煮熟透，但這也太生了。」

魯飛驚訝地問：「我明明已經煎了十分鐘，為什麼牛柳還是那麼生的？」

奇洛說：「其實正因為時間不足，我們才要將牛柳切成小粒。雖然一整塊牛柳和牛柳粒的體積相同，但切成小粒後，牛柳的總面積增加了，這樣鍋的熱力能更有效地進入牛柳，更快將它們煮熟。」

魯飛聽後垂下頭來，滿臉慚愧，連聲道歉。伊雪拍拍他的肩膀，說：「不要緊，現在切粒再煮吧！大家還在等着要試一試你的傑作呢！」

「對呀！魯飛，加油！」攤位前的同學們都為他打氣。於是魯飛提起精神說：「好吧！魯飛的『超級無敵蒜香牛柳粒』正式復活了！大家等一等，這次我保證牛柳粒又香又好吃！」

數學小學堂

小粒狀的總表面面積

為什麼將食物切成小粒狀可以更快將它煮熟呢？原來熱的傳遞速度跟物件的總表面面積有關，面積越大，傳熱的速度越快，而切成小粒狀可以大大增加總表面面積。

正立方體		
邊長	1 厘米	2 厘米
總表面面積	1×1×6=6 平方厘米	2×2×6=24 平方厘米
體積	1×1×1=1 立方厘米	2×2×2=8 立方厘米

以一個邊長是 1 厘米的正立方體為例，它的體積是 1 立方厘米，而正立方體總共有 6 個面，因此它的總表面面積為 6 平方厘米。而一個邊長是 2 厘米的正立方體，其體積是 8 立方厘米，總表面面積是 24 平方厘米。

如果我們把邊長 2 厘米的正立方體切割為邊長 1 厘米的正立方體，便可得到 8 個小正立方體，它們的總表面面積是 8x6=48 平方厘米，這比邊長 2 厘米的正立方體的總表面面積多了一倍。因此，將食物切成小粒狀，可以更快將食物煮熟。

砂糖比方糖更易溶於水中，這跟面積也有關嗎？

對！砂糖是沙狀，而方糖是粒狀，如果兩者的總體積相同，砂糖的總表面面積較大，因此更易溶於水中。

除了切粒之外，我們還可以怎樣增加食物的總表面面積？

除了切粒外，還可以切片，有些餐廳為了更快將牛扒煮熟，會將牛扒切得薄一點，以增加總表面面積。

在日常生活中，還有什麼情況需要考慮增加總表面面積？

要考慮增加總表面面積的日常例子實在是多不勝數，例如是太陽能供電，太陽能板的面積跟太陽能供電的功率有很大關係。一般來説，面積越大，供電的功率就越高。

怎樣晾乾毛巾？

如果我們將三件相同大小的毛巾用以下的方法去晾乾，哪一種方法能使毛巾最快乾透？為什麼？

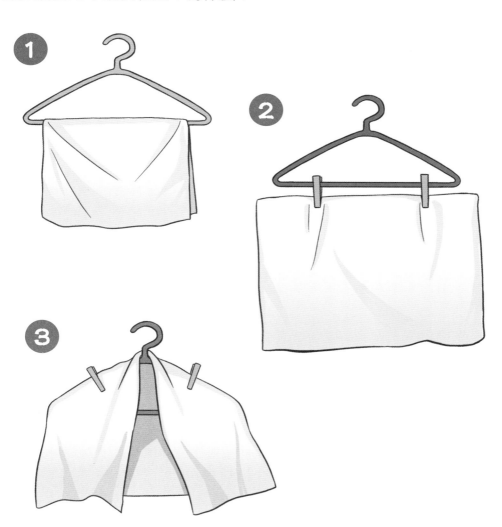

10 元的組合

放學後，多多做好功課後便坐在沙發上看電視。這時，媽媽走過來跟多多說：「多多，今早我到菜市場買蘿蔔時**忘了帶錢包**，剛好碰到伊雪媽媽，她替我先付錢了。你現在可以替我到伊雪家把錢還給她嗎？」

多多說：「沒問題，這件事就交給我吧。要還她多少元？」

媽媽努力地思索着：「嗯，我只記得是 **10 元以內**的，可能是 6 元或 7 元，又可能是 8 元……」

「那麼你給我 10 元，然後讓伊雪媽媽找零錢吧。」多多提議說。

「可是我剛好沒有 10 元硬幣呢。啊，對了！」媽媽從錢包拿了**一個 1 元硬幣、兩個 2 元硬幣和一個 5 元硬幣**，交給了多多，「這樣的話，無論是 10 元內的哪個金額，都必定足夠了，而且不用找零錢呢。」

多多不明所以，説：「這樣就**不用找零錢**？」

「沒錯！快去吧。」媽媽笑着説。

雖然多多不明白，但他還是拿着媽媽給他的硬幣來到伊雪家。見到伊雪媽媽，多多對她説：「姨姨，媽媽讓我來把錢還給你，請問今早的蘿蔔多少錢？」

「多多，麻煩你了，那個蘿蔔是 7 元呢。」

於是，多多拿出媽媽給他的四個硬幣，伊雪媽媽從中拿了**一個 2 元硬幣和一個 5 元硬幣**，說：「這樣就可以了！」

「咦，真的不用找零錢呢！」多多驚訝地説，然後向伊雪媽媽解釋了剛才媽媽把四個硬幣交給他的事情。

多多好奇地問：「為什麼這樣就不用找零錢呢？」

伊雪媽媽笑了笑，溫柔地解釋説：「你媽媽雖然只是交給你四個硬幣，但這樣已經將 10 以內**所有整數的組合**都交給你了。」

多多歪着頭，仍然不明白，於是伊雪媽媽再解釋：「比如説如果蘿蔔是 6 元，那就需要一個 1 元硬幣和一個 5 元硬幣；如果蘿蔔是 8 元，就需要一個 1 元硬幣、一個 2 元硬幣和一個 5 元硬幣。只要不超過 10 元的金額總和，都可以用這**四個硬幣**組成的。」

「原來是這樣，真神奇呢！」多多恍然大悟地説。

硬幣的組合

小朋友，你有沒有想過，為什麼香港的硬幣只有 1 毫、2 毫、5 毫、1 元、2 元、5 元和 10 元？其實硬幣面額的制定是經過詳細考慮的，其中一個考慮因素就是如何用較少的硬幣來組成不同的金額總和。

數學家發現到，10 以內的整數都可以用 1、2 或 5 所組成，而且最多只需要三個數字，例如：

$$7 = 2 + 5$$

$$8 = 1 + 2 + 5$$

$$9 = 2 + 2 + 5$$

如果將此應用在硬幣面額的制定上，那麼我們便可以攜帶較少的硬幣去購物，使交易更加便利。例如購買一塊 6.4 元的橡皮，我們只須付一個 1 元硬幣、一個 5 元硬幣、兩個 2 毫硬幣，合共四個硬幣。

香港所使用的 1 毫、2 毫和 5 毫硬幣是否都應用了相同的原理制定面額？

是的，除此以外，10 元、20 元、50 元的紙幣亦是採用相同的原理來制定面額。

除了面額外，制定硬幣政策時還需要考慮什麼？

政府在制定硬幣政策時，還會考慮硬幣的設計、大小、形狀、重量、金屬含量、鑄造成本、偽造風險以及硬幣與紙幣的關係等因素。

為什麼 2 元和 2 毫硬幣是呈 12 角海扇形？

其實每個面值的硬幣都擁有不同的大小及形狀，這是為了讓市民就算單憑觸覺，也能輕易辨認出不同的硬幣。

制定硬幣面額

請你試試找出從 1 至 10 的金額中，哪幾個是不能用兩個或以下的硬幣組成的。

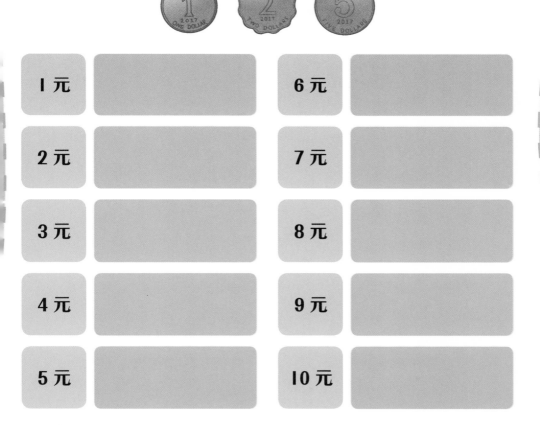

1 元		6 元	
2 元		7 元	
3 元		8 元	
4 元		9 元	
5 元		10 元	

想一想，如果 1 至 10 的金額分別能用兩個或以下的硬幣組成，那麼最少要增加哪種面額的硬幣呢？

哪個大小的果汁更便宜？

數學周快到了，比力克老師請奇洛、海力、貝莉和伊雪負責這次數學周的**壁報設計**。放學後，四隻小恐龍在課室裏討論壁報要做什麼主題。

貝莉首先提議：「你們覺得**合十法**如何？這在日常生活中很常用呢。」

奇洛說：「可是去年的主題就是合十法，不如今年試試**面積**？」

海力搖頭說：「很可惜，面積這主題之前也出現過了。還有沒有一些有趣而在**日常生活**中也可應用的數學主題？」

當大家苦苦思索着時，伊雪卻一直沒有作聲，疑惑地盯着手上的一張紙。貝莉皺着眉問：「伊雪，大家都在努力思考壁報的主題，你在看什麼呀？」

「對不起，我見大家正苦惱着，打算點一些**果汁**幫

大家提神。」伊雪把手上的飲品店外賣單張展示給大家看，「但同一款果汁有**兩種大小**，中杯裝是 360 毫升，售價 40 元；大杯裝是 480 毫升，售價 48 元。它們的**容量和售價都不一樣**，究竟哪一個大小的果汁**比較便宜**呢？」

　　四人沉思了一會，貝莉率先說：「不知道這樣是否行得通：先假設買中杯裝和大杯裝果汁各 1 杯，大杯裝比中杯裝多 120 毫升；如果再買 1 杯中杯裝，2 杯中杯裝是

720 毫升，反過來比 1 杯大杯裝多 240 毫升，這時需要多買 1 杯大杯裝。一直重複至兩者的**容量相同**，即 4 杯中杯裝和 3 杯大杯裝，兩者的價錢分別是 160 元和 144 元，便可知道**大杯裝比中杯裝便宜**。」

聽到這裏，海力茅塞頓開，說：「或者以相同的方法，找出要各購買**多少杯**大杯裝和中杯裝，兩者的**價錢**才會相同。這樣的話，6 杯中杯裝和 5 杯大杯裝的價錢相同，容量分別是 2,160 毫升和 2,400 毫升，由此可見大杯裝比較便宜。」

奇洛接着說：「這樣計算可能**更簡單**：只要我們將中杯裝和大杯裝的**容量分別除以它們的售價**，便會得出 9 和 10 兩個數字，即中杯裝每 1 元可購買 9 毫升，大杯裝每 1 元可購買 10 毫升，同樣可得出大杯裝比中杯裝便宜的結果。」

這時，伊雪高興地站起來，說：「太好了，這樣不但可以決定買哪個大小的果汁，而且我們還得到一個很好的數學主題，可以立即開始做壁報了！」

數學小學堂

最小公倍數和比率法

要找出兩種大小的果汁哪個較便宜有幾種方法，貝莉和海力利用的是最小公倍數。貝莉是在相同容量下比較價錢，而海力則是在相同價錢下比較容量：

步驟	貝莉的方法	海力的方法
找出最小公倍數	360 毫升和 480 毫升的最小公倍數是 1,440 毫升	40 元和 48 元的最小公倍數是 240 元
找出在相同容量/價錢下，不同大小的果汁杯數	中杯裝的杯數： 1440÷360＝4 杯 大杯裝的杯數： 1440÷480＝3 杯	中杯裝的杯數： 240÷40＝6 杯 大杯裝的杯數： 240÷48＝5 杯
比較不同大小的果汁總價錢／總容量	中杯裝的總價錢： 40×4＝160 元 大杯裝的總價錢： 48×3＝144 元	中杯裝的總容量： 360×6＝2160 毫升 大杯裝的總容量： 480×5＝2400 毫升

至於奇洛用的則是最為常用的比率法，與最小公倍數相反，比率法一般運用除數的概念。例如想找出每 1 元可以購買多少果汁，我們要將中杯裝和大杯裝的容量分別除以它們的售價，即 360÷40=9 毫升和 480÷48=10 毫升，這樣便可知中杯裝每 1 元可購買 9 毫升，大杯裝每 1 元可購買 10 毫升。

什麼是最小公倍數？

最小公倍數是幾個數的共同倍數中最小的一個，英文是 least common multiple，通常會以首字母縮寫 LCM 來表示。

最小公倍數和最大公因數有什麼關係？

最大公因數是幾個數的共同因數中最大的一個，英文是 highest common factor，簡稱 HCF。如果將兩個數的最小公倍數和最大公因數相乘，其數值剛好等於該兩個數之積。

最小公倍數於日常生活中是否常用？

其實最小公倍數於日常生活中很常用，只是並不明顯。例如我們要將兩個分數加減時，分母必需相同才能運算，當分母不同時，我們便需要擴分，這時便會應用到最小公倍數了。

數學小達人訓練

精明消費者

請你運用比率法,計算一下以下哪種包裝的檸檬茶較便宜吧!

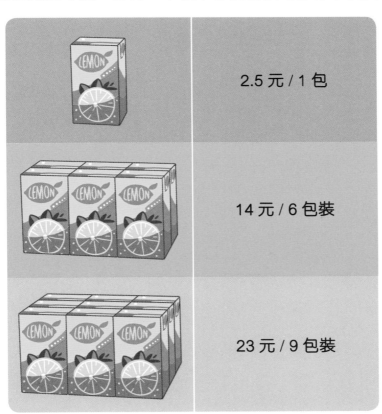

LEMON	2.5 元 / 1 包
LEMON LEMON LEMON	14 元 / 6 包裝
LEMON LEMON LEMON	23 元 / 9 包裝

哪一班的成績比較好？

小息後，魯飛**氣沖沖**地回到課室，伊雪擔心地問：「魯飛，發生了什麼事？」

「真是氣死我了！」魯飛一臉不忿，「剛才我和隔壁班的卡爾聊天，正好談到上次**數學考試**。我們班最高分的是奇洛，拿了 **100分**，但他們班最高分的才90分，我們班肯定比他們班高分的！」

伊雪點點頭說：「對啊，不只是奇洛，全級第二的貝莉和第三的海力都在我們班，我們班的數學考試分數總是**最高**的，那麼你為什麼不高興？」

「因為卡爾不服氣。」魯飛說：「他說雖然全級最高分的都在我們班，但是我們班也有三位同學**不合格**，而他們班則沒有，所以他們班的數學成績**比較好**。」

伊雪回想了一下，對魯飛說：「我們班的確有三位同學不合格，而且**分數最低**的就是你，只有 45 分。」

「我……我只是一時失手而已！」魯飛尷尬地說：「不過我們應該要看**全班的成績**吧。雖然我比他們班最低分的同學低 5 分，可是奇洛比他們最高分的高 10 分，所以總結而言我們班還是比他們班高 5 分。」

「不過你們班比他們班**多 4 人**啊。」魯飛和伊雪轉身一看，原來是比力克老師。「例如甲班有 2 人是 100 分，

而乙班有 10 人是 50 分，以**總分**來說，甲班只有 200 分，但乙班有 500 分，然而甲班每人的成績都比乙班好，可見總分並不是最好的**衡量指標**。」

「那麼該怎樣計算才好呢？」魯飛撓撓腦袋，「如果可以像這例子一樣，所有同學都考**同一個分數**，這樣要比較的話就容易多了……」

伊雪想了想，說：「對了！如果我們先將大家的分數列出來，然後高分的同學分一些分數給低分的，直至所有同學的分數都一樣，這樣不就可以做比較了嗎？」

比力克老師滿意地笑道：「對，這正是『**平均數**』的概念，而事實上只要應用**除法**便可以輕易計算。我在下一節課再詳細解釋吧！」

數學小學堂

如何計算平均數？

在日常生活中，我們經常要將兩組或以上的數據作比較，例如故事中魯飛和伊雪比較兩班的數學考試成績。我們當然可以從最高和最低分作初步比較，但這做法卻不是最好的，例如像以下的兩組數據：

甲班	分數	乙班	分數
學生 1	95 分	學生 1	70 分
學生 2	75 分	學生 2	55 分
學生 3	50 分	學生 3	50 分
學生 4	20 分	學生 4	50 分
		學生 5	50 分

甲班的最高分比乙班的最高分高，但甲班的最低分亦比乙班的最低分低，可見單從比較最高和最低分是無法得知哪一班的整體成績較好，因此我們需要平均數的概念。

正如魯飛所說，如果同一班的所有數據都有相同的數值，這樣進行比較就容易得多，平均數就是這個概念。計算平均數的公式其實相當簡單：

所有數據總和 ÷ 數據總數 = 平均數

在以上的例子中，甲班有 4 個學生，所以平均分是 (95 + 75 + 50 + 20) ÷ 4 = 60 分；乙班有 5 個學生，平均分是 (70 + 55 + 50 + 50 + 50) ÷ 5 = 55 分。60 分比 55 分高，因此甲班學生的成績比較好。

平均數用作估計一組數據的中間值有什麼缺點嗎？

平均數很容易受到極端值的影響，即是如果一組數據中有特別大或特別小的數據，平均數便會偏高或偏低。

使用平均數時，有什麼需要注意的？

平均數雖然可以表達整個數據組的整體表現，但對於談論個別某一數據，其意義則不大。例如在「數學小學堂」的例子中，甲班的平均分是 60 分，但這並不等於該組數據內大部分數據都是 60 分，甚至甲班內沒有一位同學是 60 分的。

葉子的平均長度

你知道學校附近和你家附近的植物葉子哪一個比較長嗎？你可以試試在學校附近收集 10 片植物葉子，再量度它們的長度，並寫在下面的空格裏：

1	2	3	4	5	6	7	8	9	10

它們的平均數是：＿＿＿＿＿＿＿＿＿＿＿＿＿＿＿＿＿＿

然後在你的家附近收集 10 片植物葉子，再量度它們的長度，並寫在下面的空格裏：

1	2	3	4	5	6	7	8	9	10

它們的平均數是：＿＿＿＿＿＿＿＿＿＿＿＿＿＿＿＿＿＿

最後比較一下上面兩個平均數，哪一個比較大？學校附近和你家附近的植物葉子哪一個比較長？

電腦怎樣知道你按了哪一個鍵？

小息時，海力看見魯飛坐在自己的座位上，正專心地寫功課，於是好奇地走上前問：「魯飛，你竟然這麼用功呢！在做什麼功課啊？」

「海力，比力克老師不是說要我們做一個**專題研習報告**嗎？我選擇了電腦作為題目，打算制作一個模型，用來模擬**電腦鍵盤**是怎樣知道我們按了哪一個鍵的。」

「聽起來很有趣，你打算怎樣做？」

魯飛指着面前一張畫有 **16 個格**的紙，自豪地說：「這個我早就想好了，如果我預先編好了每一個格子的**編號**，例如左上角是01，然後依次是02、03，如此類推，將 16 個格子都配上一個編號，這不就行了嗎？」

01	02	03	04
05	06	07	08
09	10	11	12
13	14	15	16

海力想了想，說：「這是一個可行的方法，傳統的鍵盤就是這樣設計的，不過當按鍵的數目越來越多時，數字就會變得**越來越大**，用起來很不方便啊。」

「那怎麼辦好呢？」魯飛撓撓腦袋。

「答案可謂**遠在天邊，近在眼前**，你跟我來吧！」海力帶魯飛來到了課室的**座位表**前，「就在這裏！」

魯飛一臉不解，着急地問：「海力，你別**賣關子**了，快告訴我吧。」

海力指着座位表説：「我們班上的座位表剛好也是16格的，你看看座位表上**第二行第二列**坐着的是誰？」

魯飛數着座位表上的行列：「第二行……第二列……是你啊！」

海力揚起惡作劇般的笑容説：「沒錯！那麼我們班上**第四行第四列**坐着的是一頭肥豬，你説這肥豬是誰？」

「肥豬？」魯飛又數着座位表上的行列，「第四行……第四列……是我啊！」

海力呵呵大笑説：「恭喜你答對了，**肥豬**！」

「豈有此理！」魯飛這才知道自己被捉弄了，大力地拍打海力的肩膀，「不過，只要像座位表那樣，利用**行和列**的數值來表示，電腦就可以知道我們按了鍵盤哪個鍵。你幫了我一個大忙，我請你喝汽水吧！」

數學小學堂

電腦鍵盤的矩陣原理

　　正如海力所說，現今的電腦鍵盤要感知用戶按下的按鍵，利用的是矩陣原理，即是利用「行」（橫行）和「列」（直行）的數值去表示平面上的位置。

　　像下圖所示，當用戶按下 A 時，水平的 1 號電線和垂直的 1 號電線就會通電，電腦便知道是第一行第一列的鍵被按下。當用戶按下 B 時，水平的 2 號電線和垂直的 3 號電線就會通電，電腦便知道是第二行第三列的鍵被按下。當用戶按下 C 時，水平的 4 號電線和垂直的 2 號電線就會通電，電腦便知道是第四行第二列的鍵被按下。

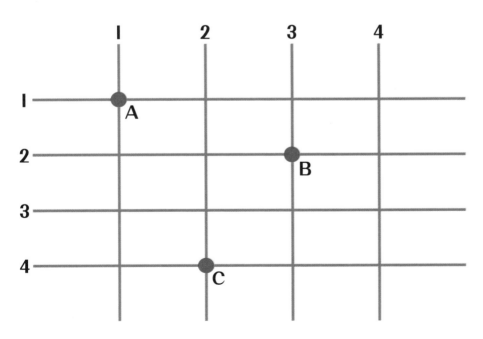

在現實生活中，矩陣原理還會運用在什麼地方？

人們在描述一個地理位置時，會使用經線、緯線。經線、緯線亦是用兩個不同的數字去代表地圖上某點的位置，其原理與鍵盤運用的矩陣原理大同小異。

還有其他方法去表達物件或人物的位置嗎？

有的，例如「羅盤方位角系統」是利用東南西北和方位角來表達物件或人物的位置，例如N50°E 即由北向東順時針轉 50 度的方位。

電腦鍵盤上的字為什麼不按英文字母順序排列？

電腦鍵盤上的字母排列是按以前的打字機複製過來的，為了減少打字機出現故障，人們故意不把英文字母順序排列，以減慢打字速度。

二人的超級海戰

　　小朋友，你可以與朋友在紙上打海戰呢！請你們各自在紙上繪畫一個有 4 行 5 列的方格，這 20 個格子代表海戰的戰場，然後隨意在方格上畫上三艘戰艦，每艘戰艦的大小和位置不一。

　　雙方的格紙不可以讓對方看見，然後輪流以列和行的方式說出一個格子的位置（例如 B2、C3），代表向該格子進行炮擊。若該格子畫有戰艦，被擊中的一方要發出「轟」一聲，代表擊中戰艦；若該格子沒有戰艦，則發出「沙」一聲，代表炮彈掉進海裏。擊中戰艦所佔的全部格子代表擊沉戰艦，最先擊沉對方所有戰艦的一方為勝。

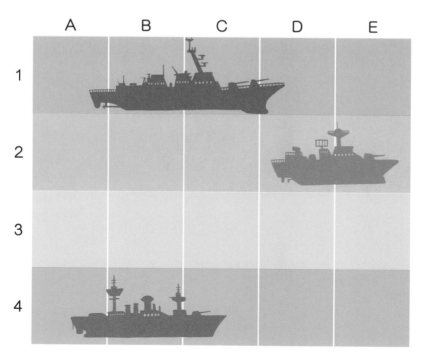

電視機裏的「小矮人」

　　奇洛放學回家，一打開門便看見多多和魯飛拿着螺絲批和剪刀等工具，正想要**拆開電視機**。奇洛連忙問道：「你們兩個頑皮小鬼在做什麼？」

　　多多向奇洛揮手說：「哥哥你回來得剛剛好，快來幫忙！我問媽媽為什麼電視機會有畫面，她說因為電視機接收到**電子信號**，可是電子信號怎麼可能變成會動的畫面呢？我覺得媽媽騙我了，其實是**小矮人**藏在電視機裏表演，我們現在要打開電視機，將他們找出來。」

　　奇洛問魯飛：「連你也相信電視機裏藏着小矮人嗎？」只見魯飛撓撓頭，嘻嘻笑道：「我想知道電視機裏是什麼模樣嘛。」

　　奇洛對多多說：「媽媽沒有騙你啊，電視機有畫面和聲音，的確是因為接收到電子信號。不用拆開電視機，我來為你們解釋吧。魯飛，你來幫我做個**示範**。」

奇洛在魯飛耳邊說了幾句**悄悄話**，魯飛便笑呵呵地走到一旁，背對着多多。

奇洛又對多多說：「你在紙上畫上**九宮格**，然後隨意在格子上塗上**黑色**，我會扮作電視台，將電子信號傳送給魯飛，然後他便會扮作電視機，將電子信號轉化為畫面，將你所畫的九宮格呈現出來。」

多多仍然不明白，但他還是照着奇洛的話，在紙上畫出九宮格，並把**四個角落**的格子塗上黑色。完成後，奇洛拿着九宮格紙認真地看了看，然後收藏起來，並叫喚魯飛，把另一張紙和筆交給他。

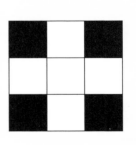

只見奇洛站在魯飛前面，時而**舉起左手**，時而**舉起右手**，看見他動作的魯飛則在格子上塗上黑色。不一會兒，奇洛終於停下來了，魯飛也說：「已經畫好了！」

多多看見魯飛**跟他一樣**，在四個角落的格子上都塗上了黑色，不禁「啊」的一聲叫了出來，他興奮地說：「哥哥，為什麼這樣神奇呢？你們所傳送的電子信號在哪裏？我也能做到嗎？」

奇洛摸了摸多多的頭，笑着說：「當然可以，這只是運用了數學中的**二進數**，我把當中的秘密告訴你吧！」

利用二進數傳送畫面

　　電視台想要傳送畫面，首先要將畫面變成電子信號，然後透過發射器發放。當電視機的接收器接收到該電子信號，便可以將它們變回畫面了。將畫面變成電子信號的方法有許多種，其中最簡單的就是使用數學中的二進數。

　　我們日常生活中最常使用的數字系統是十進制，以 10 為基數；二進制則是以 2 為基數，二進數中的每一個數位都是 0 或 1。如果把九宮格紙上的黑白方格視作二進數，將黑色格子定義為 1，以舉起左手表示；將白色格子定義為 0，以舉起右手表示，那麼第一橫行從左至右的三個格子的顏色便可用 101 表示，第二橫行的三個格子用 000 來表示，第三橫行的三個格子則是 101。

1	**0**	**1**
0	**0**	**0**
1	**0**	**1**

　　因此，只要奇洛跟魯飛預先溝通好，當奇洛發出 101000101（即左右左右右右左右左）的信號時，魯飛便可以清楚知道格子是黑色還是白色。而現實生活中的電視機也跟電視台的發射器溝通好了，只是它們用的是電或電磁波作為電子信號，而不是舉起左、右手。

什麼電子信號代表 0，什麼代表 1 ？

一般來說，在微電子學裏，我們會用 0 至 2 伏的電壓去表示 0，用 3 至 5 伏的電壓去表示 1。

為什麼電子信號的 0，不是指「沒有電壓」？

因為「沒有電壓」其實很難做到。在空氣中有許多不同形式的干擾，會影響接收器所接收到的電壓，難以做到絕對的 0 電壓，因此工程師選用了 0 至 2 伏的電壓以表示 0。

除了電視機外，二進數還會應用在哪些地方？

電腦也是二進數應用的好例子，因為電腦中的電路基本組件「邏輯閘」只處理 2 個值，與二進數的 1 和 0 配合。

以二進數傳遞圖畫

如果將黑色定義為 1，以舉起左手表示；又將白色定義為 0，以舉起右手表示，你會怎樣利用數字和動作表達以下的圖畫？

你也可以嘗試和朋友利用二進數傳遞圖畫呢！首先二人將黑、白兩種顏色定義（你可以跟上面的定義方式，或自行設計新的定義），接着二人分開站在不同地方，距離在可看見對方動作之內。其中一人（A）在一張九宮格紙上把格子塗上顏色，並確保對方（B）不會看見。

塗上顏色後，A 將九宮格紙上的顏色轉化為二進數，再用預先溝通好的定義，將九宮格紙上的圖案傳達給 B，然後 B 試着將自己的九宮格塗上顏色，看看就算二人不發出聲音，是否能將圖像傳達給對方吧！

加法和減法
聲音傳送的秘密

　　這天，奇洛放學後去了一趟圖書館，回家後發現多多和魯飛又拿着螺絲批等工具，這次二人的目標是爸爸的古老**收音機**。

　　多多雀躍地說：「哥哥，你快來幫忙一起拯救收音機裏的小矮人吧！」

　　「上次我不是解釋了嗎？電器裏**沒有小矮人**啊。」奇洛沒好氣地說，轉過頭看着魯飛。

　　魯飛解釋：「上次你說電視機使用電子信號來傳遞畫面，我們都明白，但是收音機傳遞的是**聲音**，數百米外的聲音已幾乎聽不出來，播放發射站距離收音機有好幾十公里，收音機怎樣才能接收得到呢？所以我也想看看裏面到底是什麼構造。」

　　奇洛笑說：「你們把收音機拆開了也看不明白啊，我從圖書館借了一本相關的書，借給你們看吧。」說完，

奇洛從書包拿出一本圖書來，多多看見圖書厚得像字典一般，臉色大變，說：「哥哥，還是你給我們解釋吧。」

「好吧。首先，聲音是由震動的**聲波**通過各種媒介來傳播，一般聲波或聲波相關的電子信號都是**低頻**的，低頻的聲波信號可傳達的範圍很有限，相反**高頻**的有較遠的傳達範圍，所以只要將聲波信號嵌入**高頻載波**，這樣就可以把它們帶到更遠的地方。即使發射站在幾十公里以外，也可把聲音傳送到收音機。」

「低頻？高頻？載波？」多多和魯飛**面面相覷**，一頭霧水的樣子。

「我再打個比喻吧。」奇洛從多多的玩具箱裏取了兩個**方形積木**和一輛**玩具小火車**，「聲波信號就好像這個方形積木，因為積木有稜角，單靠積木自己是滾動不了多遠，但如果我們將它放在小火車上，積木就能前進得

更遠。在聲音信號通訊學來說，**載波就是小火車**，負責將信號傳達到更遠的地方。」

多多撓了撓頭，問：「可以這樣做的嗎？」

奇洛笑笑說：「當然可以！將低頻的信號嵌入高頻載波的方法很簡單，只是運用簡單的**加數**而已！」

數學小學堂

利用加數進行調變

　　將聲波信號結合載波的程序稱為「調變」，在無線電廣播中，有許多不同的調變技術，其中 AM（調幅）和 FM（調頻）是至今仍廣泛使用的。AM 的調變技術，正是運用簡單的加數，將載波和想要傳送的信號結合，把信號傳送到更遠的地方。

　　舉個例子，假設想要傳送的信號為 1、8、3、7、7、5、3、2，而低於 10 的信號不能有效地傳送到收音機的話，我們便需要使用載波。若載波為 20，結合信號的方法就是將它們進行疊加，疊加後的信號變為 21、28、23、27、27、25、23、22，這樣載有信號的載波便能傳送至收音機。

　　然後，收音機只需要進行簡單的減法，將載波減去，就可以將原本的信號提取出來了。在以上的例子中，即是將每個數字減去 20。

原本的信號	與載波疊加	疊加後的信號
1	1+20	21
8	8+20	28
3	3+20	23
7	7+20	27
7	7+20	27
5	5+20	25
3	3+20	23
2	2+20	22

什麼是波？除了聲波外，還有什麼波可以傳遞信號？

波是一種自然界的現象，是一種以振動傳遞的能量。除了聲波，自然界還有許多不同的波，例如機械波與電磁波等等，它們都可以用來傳遞信號。

我們常聽説的機頂盒，它的作用是什麼？與調變技術有關嗎？

就像「數學小學堂」裏所説，信號在傳送的時候經過了調變技術，會進行加密。機頂盒的作用便是將這些已經加密的信號重新提取出來。如果以前面的例子來説，機頂盒便是將 21、28、23、27、27、25、23、22 進行減數，重新提取 1、8、3、7、7、5、3、2 的裝置。

加密的信息

　　你可以和朋友試試利用加數對信息進行加密呢！請與一位朋友組成一組，一個扮演發送者，另一位扮演接收者，並商議好一個特定的加密數字，例如 20。

　　發送者設計好原本想要傳遞的信息，例如 1、3、8、9、6、1、2、7，並進行加密，然後透過另一位朋友，將加密的信息傳給接收者，看看接收者能否破解加密的信息。

加密的信息是 21、23、28、29、26、21、22、27。

發送者

嗯嗯。

加密的信息是 21、23、28、29、26、21、22、27。

那麼原本的信息是 1、3、8、9、6、1、2、7！

接收者

圖形和空間

通訊科技裏的圖形

今天是學校參觀科學館的日子，一眾恐龍學生興高采烈地探索不同的展覽館。伊雪和海力來到科技展覽館，眼前各種新奇的科技介紹讓他們眼界大開。

海力見伊雪看得津津有味，問：「科學館裏有生物館、天文氣象館等展覽館，為什麼你特別喜歡這個科技展覽館？」

伊雪說：「你不覺得網絡很棒嗎？我們可以透過互聯網接收資訊、學習、購物等，使日常生活變得更便利。我希望長大後能成為一位網路工程師，發明更多新的網絡科技。」

比力克老師剛巧經過，聽見他們的對話後說：「這的確是一個不錯的志願呢。其實網路通訊蘊含不少數學概念，例如網絡覆蓋便應用了圖形。你們看看面前的網絡覆蓋圖，能發現有什麼特別之處嗎？」

他們面前的展板，展示了由一個個**正六邊形**所組成的網絡覆蓋圖，伊雪觀察了一會後回答：「啊！所有發射站都位於正六邊形的中心。」

比力克老師露出滿意的笑容，接着問：「為什麼不是圓形，而是正六邊形呢？」

海力搶着回答：「我知道！因為圓形在**沒有重疊**和**沒有空隙**的情況下不能完全鋪在平面上，這樣便會有一些地方接收不到信號。」

網絡覆蓋圖

比力克老師説：「沒錯，圖形能夠不留空隙及不重疊地鋪在平面上，就稱為『密鋪』。那麼有哪些正多邊形可以密鋪平面呢？」

「正三角形、正四邊形和正六邊形都可以，正五邊形就不可以了。」海力頓了一頓，疑惑地問：「可是為什麼網絡覆蓋圖用的是正六邊形，而不用其他能密鋪的圖形呢？」

比力克老師看着伊雪：「好問題！未來的網絡工程師知道原因嗎？」

伊雪想了想説：「會不會跟距離有關？因為距離越遠，信號就越弱。如果使用三角形，那麼頂點的位置便會距離中心點較遠，信號就會變弱。如果使用比較接近圓形的正六邊形，距離上的差異相對較少，控制塔所發出的信號就會相對較強。」

「對！看來你很有天賦啊，未來的網路工程師。」

聽到比力克老師的讚賞，伊雪露出燦爛的笑容：「謝謝，我會繼續努力的！」

哪些圖形能密鋪平面？

不是所有圖形都能密鋪平面的，想要密鋪平面，圖形必須符合某些條件。如果以正多邊形來說，其角度必須是 360 的因數，即 360 可以被該圖形的角度整除。為什麼這樣說呢？因為在每一個角上，都會接着另一個正多邊形的角，換句話說，想要密鋪平面，它們拼湊出來的角必定是 360 度。

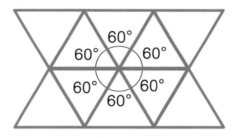

而不同的正多邊形，其角的度數都不一樣。比如說正三個形每隻角是 60 度，正四邊形是 90 度，正五邊形是 108 度，正六邊形是 120 度。另一方面，360 的因數有 1、2、3、4、5、6、8、9、10、12、15、18、20、24、30、36、40、45、60、72、90、120、180、360，故此在正多邊形中，只有正三角形、正四邊形和正六邊形才可以密鋪平面。

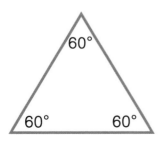
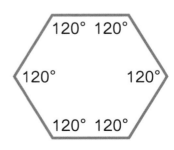

要做到密鋪平面，一定要用單一圖形嗎？

不是，有時候用兩種或三種不同的圖形也能密鋪平面。

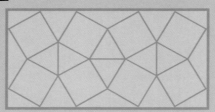

除了正三角形、正四邊形和正六邊形外，不規則的多邊形也能密鋪平面嗎？

是的，一直以來不少數學家都在研究這個課題，其中有數學家發現了幾種不規則五邊形的密鋪方式，以下是其中一種。

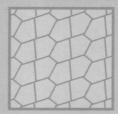

自製密鋪平面圖形

　　要制作一個密鋪平面的圖形，最簡單的方法就是利用能夠密鋪平面的基礎圖形，再稍稍修改而成。例如以長方形作基礎，在上方和下方畫上兩條完全相同的「S」形曲線（可在白紙上先剪下曲線形狀，然後在紙上描畫相同的曲線），然後在圖形畫上可愛的圖案，這樣一個能密鋪平面的圖形就完成了！

　　小朋友，請你試試用這個方法，設計一個獨一無二的密鋪平面圖形吧！

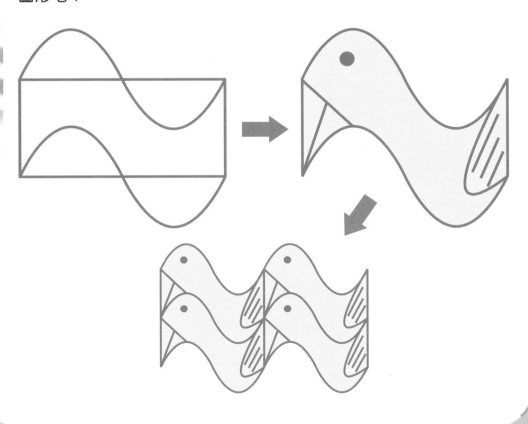

角和三角形
巧量大樹

　　放學後，小寶看見奇洛和海力在操場的大樹下，他們正在紙上畫了很多不同的三角形。「奇洛、海力，你們在大樹下幹什麼？」

　　奇洛說：「海力昨天買了一個**量角器**，可以用來量度圖形的角度，我們正在量度不同三角形的角度，發現原來**等腰直角三角形**除了有**兩條邊相等**外，還有兩隻**45度**的角，很有趣啊。」

　　海力點頭：「數學的世界真是很大，知識那麼多，就算我們能像這棵大樹般有過百年的壽命，也不能學完所有知識呢。」

　　小寶抬起頭看着大樹說：「不知道這棵大樹多少歲，長得有多高呢？可是又沒有**像大樹般長的直尺**可以用來量度高度……」

　　海力想了想說：「或者我們可以借助其他工具幫忙，

108

例如在樹頂放一條垂直的繩子到地面，這樣我們只要量度**繩子的長度**，便可以知道大樹的高度了。」

「可是我們爬不上那麼高的大樹啊，很危險的。」小寶納悶地說。

正當他們感到氣餒時，奇洛看見剛才在紙上畫的等腰直角三角形，突然說：「哎！有了！就用等腰直角三角形吧！」

海力跟奇洛對視了一眼，然後拍拍自己的腦袋：「對啊，怎麼我沒想到呢？奇洛，還是你的**頭腦靈活**！」

小寶完全聽不明白他們在說什麼，只見海力拿着量角器，面向大樹往後走，每走數步便利用量角器看一看樹頂，量度其**仰角**，然後又走數步，再量一次。如此重複了好幾遍後，海力終於在某一個位置停下來，並向樹下的奇洛大喊：「行了！確定是 **45 度**了。」

於是，奇洛拿着捲尺，由樹下走向海力，他一邊走，一邊量度着距離。來到了海力的身旁後，奇洛跟海力說：「**18 米**。」

小寶問：「什麼 18 米？我們不是要量大樹的嗎？」

海力笑笑說：「奇洛說的正是**大樹的高度**，就是 18 米。」

「為什麼量度大樹和海力之間的距離就可以知道大樹的高度？」

奇洛答：「你試試想一想吧，答案並不困難，提示就是等腰直角三角形有兩條邊相等，還有兩隻 45 度的角！」

等腰直角三角形的特性

　　等腰三角形是幾何學中的學習重點之一。等腰三角形除了有兩條邊相等，還有兩隻一樣的角，這兩隻角一般被稱為底角，而另一隻角則稱為頂角。至於等腰直角三角形，除了兩條邊相等外，頂角是 90 度的直角，而兩隻底角均為 45 度。在故事中，奇洛和海力正是運用等腰直角三角形的特性，量度出大樹的高度。

　　如下圖所見，如果從觀測位置（A 點）望向樹頂（B 點），仰角為 45 度，而樹頂與地面形成的直線 OB 垂直於橫線 OA，這樣便形成一個等腰直角三角形。雖然量度 OB 有難度，但因為等腰直角三角形的兩條邊相等，OA 的數值等於 OB 的數值，所以我們便可透過量度 OA 的數值，求得 OB 的數值。不過如果要準確一點的話，我們便要把 OA 的數值加上眼睛位置到地面的高度，這樣才等同大樹的高度。

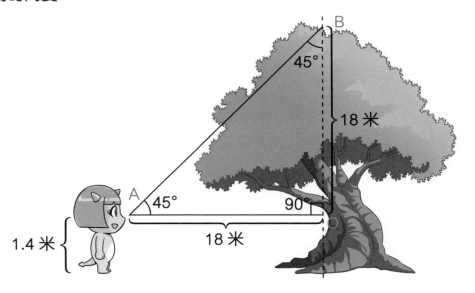

你問我答

什麼時候會使用這種方法來量高度？

我們在量一些非常高的東西，又無法使用一般測量工具直接進行量度的時候，就會使用本課的方法了。尤其在工程學上，一幢樓的高度可以超過一百米，這些高樓都需要使用本課的測量法去量度其高度的。

角的量度單位是什麼？

角的量度單位是「度」，符號是「°」。將三角形的所有內角相加，必定等於 180 度，所以在等腰直角三角形裏，直角是 90 度，兩隻相同的底角都是 45 度。

量角器一定是半圓形的嗎？

除了半圓量角器外，還有全圓量角器，使用全圓量角器可以量度超過 180 度的角。

找找等腰直角三角形

在故事中，奇洛和海力在驗證等腰直角三角形的特性時被小寶打斷了，他們還有五個三角形未完成驗證，你可以幫忙找出以下這些三角形是否等腰直角三角形嗎？請記住，等腰直角三角形有一隻直角、兩隻相同的底角及有兩條相同長度的邊呢！

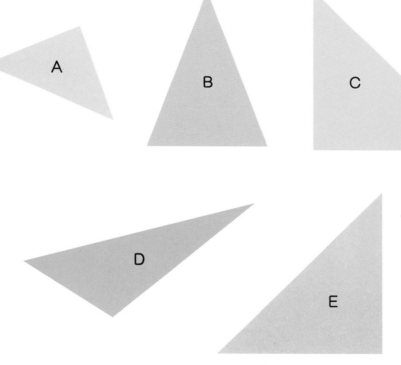

工程問題
話劇的準備時間

一年一度的奇龍族學園**話劇表演**下個月便舉行，奇洛、小寶、魯飛、伊雪和海力一同報名參加。星期六，他們相約回學校為比賽作準備。

奇洛看着手上的時間表，向大家匯報：「距離表演的日子還有 **12天**。劇本已寫好了，我們現在還有綵排、製作舞台布景和服裝部分要完成。按照計劃，我們需要用 3 天製作服裝，2 天製作布景，4 天綵排，合共 **9天**。」

「那還等什麼，我們趕快開始吧！」魯飛說完，便拉着大家一起繪畫布景。畫了一會兒後，他突然看看四周，問：「咦？怎麼**海力**還未到呢？」

這時伊雪的手提電話響起來，是海力來電。她接聽後，露出**憂心**的表情，跟海力說：「好的，你好好休息吧，不用擔心。」

把電話掛斷後，伊雪對大家說：「海力說他昨天打

籃球時**受傷了**，弄傷了左手，現在還在醫院裏，不能夠參加話劇表演了！」

魯飛驚訝地說：「那怎麼辦？我們還能在表演日前完成準備嗎？」

小寶也問：「我們需要退出這次話劇表演嗎？」

「別着急，我們好好計算一下，便知道是否趕得及。」奇洛**不慌不忙**地拿出紙筆，「原本我們有 5 人，需要用 9 天來準備，其中 **4 天**用作綵排，不論我們人數

多少都得花上 4 天，所以**先將其減去。**」

　　魯飛想了想，説：「其餘的準備工作需要用 5 天來完成，但我們現在只剩下 4 人，需要的時間必定更多。」

　　奇洛接着説：「沒錯，所以我們要找出在工作人數減少的情況下，工作天數會增加多少。只要我們將原本的**工作天數乘以工作人數**，便可得出**總工日**：5 人的話，總工日就是 25 天。」

　　伊雪靈光一閃，搶答道：「我知道啦！乘法和除法可以互逆，只要將**總工日除以工作人數**，便可得出需要的**工作天數**，所以將 25 天除以 4 人，便得到答案 $6\frac{1}{4}$ 天，即需要**7 天**才能完成舞台布景和服裝的製作！」

　　小寶鬆了一口氣，説：「幸好海力只是負責幕後製作，我們不用修改劇本。這樣計算的話，再加上 4 天綵排，所有準備工作需要 11 天時間來完成，我們剛好**趕得及**呢！」

　　「太好了！」魯飛興奮地説：「時間緊迫，那麼我們趕快動手吧！」

數學小學堂

工程問題的計算方法

在故事中，奇洛他們面對的疑難在數學上稱為「工程問題」，這是處理工作量、工作效率和工作時間三者關係的問題。要解答工程問題，需要的解題能力、邏輯思維能力、抽象思維能力等相對較高，因此不少小朋友或許會覺得這些問題比較困難。

不過，要純熟掌握工程問題並不是完全沒辦法的，只要記住以下的公式，那麼再難的工程問題都可以迎刃而解：

$$\boxed{工作效率} \times \boxed{時間} = \boxed{工作總量}$$

例如故事中原本有 5 隻小恐龍一起工作，我們可以將原來的工作效率看成 5；需用 5 天來完成工作，即時間為 5 天，由此可知話劇準備的工作總量是 5×5=25 工日。當工作人數由 5 變為 4，而話劇準備的工作總量不變，25 工日需要由 4 隻小恐龍平分，將 25 除以 4，便可得知 4 人合作需要 7 天才能把話劇準備的工作完成。

我們有足夠時間完成準備工作，你不用擔心。

你們要加油啊！

工作效率是指什麼？

工作效率是指工作的快慢，一般以「工作每天」或「工作每小時」來表示。

工作總量的單位是什麼？

工作總量的單位是由工作效率和時間的單位組成的，例如最常聽見的工作總量單位「工時」，就是由工作效率的單位「工人」，以及時間的單位「小時」合併而成的。

工程問題有多少種類型？

除了工程方面，工程問題亦包括水管注水、日常生活專案研習等多個方面。

水樽排水實驗

　　小朋友，工程問題還可以應用在水樽排水上，一起來試試用塑膠水樽做以下的實驗吧！

1. 請爸爸媽媽協助，在塑膠水樽的底部刺一個小孔。

2. 把水樽注滿水後，將樽內的水從小孔中排出，並記錄需要多少時間才能排出全部水 *。

3. 請爸爸媽媽協助，在水樽底部多刺一個小孔。

4. 重複步驟二，記錄需要多少時間才能排出全部水。

　　* 排水時，膠樽不用封蓋，否則可能因氣壓而無法把水排出。

　　小朋友，你能找出水樽的小孔數量和排水時間的關係嗎？如果要在五分鐘內排出全部水，你要在水樽底部刺多少個大小相若的小孔？

三角形和比例
測量與星星之間的距離

話劇表演的日子終於到了，禮堂裏坐滿了同學，他們聚精會神地欣賞奇洛、小寶、魯飛和伊雪的演出。

飾演公主的小寶傷心地說：「王子啊，雖然我很愛你，可是我們兩個國家勢不兩立，我們沒法在一起啊！」

飾演王子的魯飛說：「公主啊，我會設法說服你的父母，讓他們准許我們在一起的。」

魯飛拉着小寶來到奇洛和伊雪面前，對他們說：「國王、王后，求你們讓我迎娶公主吧！」

奇洛交叉雙手在胸前，說：「不可以，我絕對不會把女兒嫁給你的！」但魯飛仍然苦苦哀求：「只要能娶到公主，無論什麼條件我都會答應的。」

「這⋯⋯這⋯⋯」伊雪臉上露出為難的表情，因為她忘記自己的對白了！她支吾以對，只好隨口說道：「好吧，如果你能告訴我天上的星星有多高，我就答允你

們的請求吧。」

　　小寶聽見她改了對白，**瞪大了雙眼**，
但還是硬着頭皮接下去：「母后，我們怎可能知道
天上的星星有多高呢？你這分明是**強人所難**！」

　　「呵呵，那麼你只好跟我們回去了。」伊雪説完，
跟奇洛一起拉着小寶往後台走去。

　　「公主！」魯飛頹然坐在地上，舞台的帷幕徐徐落
下，觀眾報以熱烈的掌聲，話劇完滿結束。

　　他們回到後台，大家都**鬆一口氣**。伊雪尷尬地説：
「真對不起，剛才我忘了對白，只好隨便説一句，幸好小

實機靈，把對白接上，才沒有**出洋相**呢。」

小寶笑說：「還好你這問題問得不錯，怎麼可能知道星星有多高呢？所以我想也不想，就接下去演了。」

魯飛點頭說：「對！天上的星星那麼遠，肯定測量不到與它們的距離！」

「其實，星星有多高是**可以測量**的。」奇洛說。

「可以嗎？」三隻小恐龍異口同聲地問。

「還記得我們曾用等腰直角三角形測量大樹的高度嗎？只要運用類似的手法，將**地球和星星之間的仰角**量度好，然後在白紙上畫上一個一模一樣的三角形，再將紙上的**三角形**邊長按**比例**放大成真實尺寸便可以了。」

小寶說：「可是太空中沒有三角形啊！」

「利用**地球圍繞太陽公轉**便可以了。」說完，奇洛拿出紙筆給他們解釋。

聽畢，魯飛感慨地說：「幸好剛才演王子的不是奇洛，否則他一定會忍不住在台上解釋如何計算，這樣我們一定**演不下去了**！」

數學小學堂

利用直角三角形計算距離

測量星星和地球之間的距離一直都是天文學家的目標，至今已發現多種計算方法，而故事中奇洛利用地球圍繞太陽公轉的方法正是其中一種。

假設星星的位置和太陽的位置相對不變，地球又圍繞着太陽以圓形的軌道公轉，當地球在公轉軌道上從 A 點移動到 B 點，AB 之間就可以形成一直線，這時 A 點、太陽和星星之間，以及 B 點、太陽和星星之間，就會形成兩個一模一樣的直角三角形。

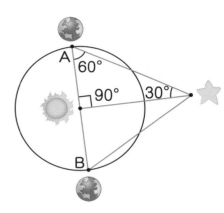

假設當地球在 A 點時測得星星的仰角為 60 度，這樣三角形的三個角分別是 30 度、60 度和 90 度，這種直角三角形有一個特點，就是形成 60 度角的兩條邊，長邊是短邊的 2 倍，即如果短邊是 1 單位的話，長邊就是 2 單位，短邊和長邊的比例就是 1 比 2。

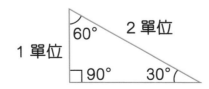

天文學家知道地球和太陽的距離太約為 1.5 億公里，因此我們只要按比例將三角形的邊長放大，將 1.5 億乘以 2，我們便可找出圖中星星和地球之間的距離是 3 億公里。

？你問我答

在日常生活中，我們在什麼情況下需要測量距離？

測量距離的日常例子多不勝數呢，例如政府在特殊情況下限制食店的桌子距離，或購買家俬時便需要測量距離。

有什麼工具可以用作測量距離？

除了一般使用的直尺和軟尺外，市面上還有紅外線距離感測器，非常便利。

利用智能電話能測量距離嗎？

可以，現在的智能電話相當方便，只要下載相關的 APP 軟件，便能估計與特定對象的距離和高度，而且所用的方法跟本課介紹的方法非常相似呢！

數學小達人訓練

三角形的邊長比例

　　小朋友，以下有一些三角形，θ 為 60 度的角，請你用直尺量度每個三角形的 b 和 c 的長度，找出 b 比 c 的比例，看看它們之間有什麼相同之處吧！

1.

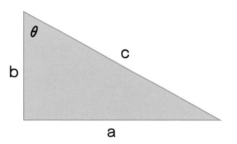

b:＿＿＿＿＿＿

c:＿＿＿＿＿＿

2.

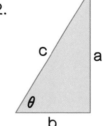

b:＿＿＿＿＿＿

c:＿＿＿＿＿＿

3.

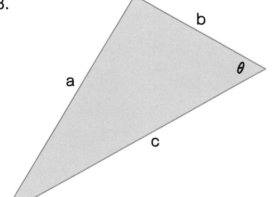

b:＿＿＿＿＿＿

c:＿＿＿＿＿＿

數學小達人訓練答案

第11頁

1. $13 + 3 + 18 - 0.3 - 0.1 - 0.2 = 33.4$
2. $32 + 31 + 25 + 0.4 + 0.2 + 0.1 = 88.7$
3. $41 + 22 + 16 - 0.1 - 0.3 - 0.1 = 78.5$
4. $26 + 4 + 15 + 0.4 - 0.3 - 0.1 = 45$

第17頁

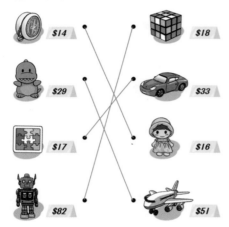

第23頁

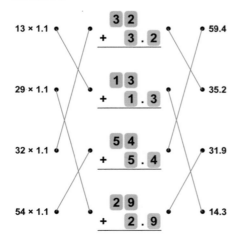

第29頁

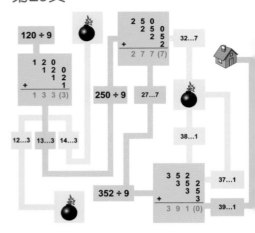

第41頁

C在長方形上方的角時，三角形ABC在長方形內形成最長的周界。

第47頁

可用左手法則（紅線）或右手法則（藍線）

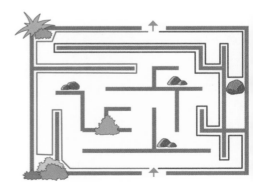

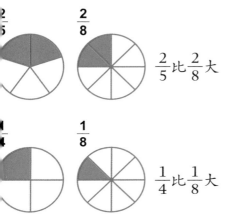

第53頁

（填色部分為建議答案）

$\dfrac{2}{5}$ 比 $\dfrac{2}{8}$ 大

$\dfrac{1}{4}$ 比 $\dfrac{1}{8}$ 大

第59頁

邊長是1：4×4=16個
邊長是2：3×3=9個
邊長是3：2×2=4個
邊長是4：1×1=1個
由此可見，在邊長是4的正方形裏，只要將首四個正方形數相加，就能得出正方形總數為30個。

第65頁

的方法能讓毛巾最快乾透，因為毛巾展開，其表面面積比其餘兩種方法都要大。

第71頁

金額8元和9元不能只用兩個或以下的硬幣組成，增加4元面額的硬幣才可使1至10的金額全都能用兩個或以下的硬幣組成。

第77頁

一包檸檬茶2.5元，六包裝平均每包約2.3元，九包裝平均約2.6元，所以六包裝最便宜。

第95頁

數字：010101010
動作：右左右左右左右左右

第113頁

A、C和E是等腰直角三角形。

第119頁

水樽的小孔數量越多，排水時間越短。

第125頁

1. b邊長3厘米，c邊長6厘米
2. b邊長2厘米，c邊長4厘米
3. b邊長4厘米，c邊長8厘米
所有三角形的c邊長都是b邊長的2倍，b比c的比例是1比2。

奇龍族學園
數學力大爆發

作　　者：馮澤謙
繪　　圖：岑卓華
策　　劃：黃花窗
責任編輯：陳志倩
美術設計：陳雅琳
出　　版：新雅文化事業有限公司
　　　　　香港英皇道499號北角工業大廈18樓
　　　　　電話：（852）2138 7998
　　　　　傳真：（852）2597 4003
　　　　　網址：http://www.sunya.com.hk
　　　　　電郵：marketing@sunya.com.hk
發　　行：香港聯合書刊物流有限公司
　　　　　香港新界大埔汀麗路36號中華商務印刷大廈3字樓
　　　　　電話：（852）2150 2100
　　　　　傳真：（852）2407 3062
　　　　　電郵：info@suplogistics.com.hk
印　　刷：中華商務彩色印刷有限公司
　　　　　香港新界大埔汀麗路36號
版　　次：二〇二〇年五月初版

ISBN : 978-962-08-7498-7
© 2020 Sun Ya Publications (HK) Ltd.
18/F, North Point Industrial Building, 499 King's Road, Hong Kong
Published in Hong Kong
Printed in China